Wissenschaft und Öffentlichkeit

Forscher zwischen Wissen und Gewissen

Herausgegeben von F. Cramer

Mit Beiträgen von
Raymond Aron Friedrich Cramer
Michael Feldman Léon Van Hove
Aharon Katzir-Katchalsky
Chaim L. Pekeris Jean-Jacques Salomon
David Samuel Victor F. Weisskopf

Springer-Verlag Berlin Heidelberg New York 1974

Professor Dr. FRIEDRICH CRAMER
Direktor am Max-Planck-Institut für experimentelle Medizin,
34 Göttingen, Hermann-Rein-Str. 3/Federal Republic of Germany

ISBN-13: 978-3-540-06938-6   e-ISBN-13: 978-3-642-45457-8
DOI: 10.1007/978-3-642-45457-8

Das Werk ist urheberrechtlich geschützt. Die dadurch begründeten Rechte, insbesondere die der Übersetzung, des Nachdruckes, der Entnahme von Abbildungen, der Funksendung, der Wiedergabe auf photomechanischem oder ähnlichem Wege und der Speicherung in Datenverarbeitungsanlagen bleiben, auch bei nur auszugsweiser Verwertung, vorbehalten.

Bei Vervielfältigungen für gewerbliche Zwecke ist gemäß § 54 UrhG eine Vergütung an den Verlag zu zahlen, deren Höhe mit dem Verlag zu vereinbaren ist.

© by Europäisches Komitee des Weizmann Institute of Science, Rehovot/Israel, 8002 Zürich, Hügelstraße 6/Schweiz

Die Wiedergabe von Gebrauchsnamen, Handelsnamen, Warenbezeichnungen usw. in diesem Werk berechtigt auch ohne besondere Kennzeichnung nicht zu der Annahme, daß solche Namen im Sinne der Warenzeichen- und Markenschutz-Gesetzgebung als frei zu betrachten wären und daher von jedermann benutzt werden dürften.

Offsetdruck und Bindearbeiten: Julius Beltz, Hemsbach/Bergstr.

Vorwort

Im Juni 1971 hatte das Weizmann-Institut, die berühmte internationale Forschungsstätte des Landes Israel, zu einem Symposium unter dem Titel "The Impact of Science on Society" nach Brüssel eingeladen. Während zweier Tage versuchten Wissenschaftler die Situation unserer heutigen, durch die Wissenschaft veränderten Welt zu analysieren. Man fragte sich, welchen Nutzen uns die Wissenschaft gebracht habe und wohin sie uns führe. Stellt die Wissenschaft die höchste Ausformung des menschlichen Geistes, die größte Kulturleistung dar? Wie weit geht die Verantwortung des Forschers für die Resultate seiner Forschung? Welches ist die Rolle der Wissenschaft in einer künftigen Gesellschaft?

In ihren Referaten gaben die Forscher höchst individuelle und originelle Antworten zu diesem Thema. Der vollständige Wortlaut des Symposiums wurde 1973 von A. R. MICHAELIS und H. HARVEY unter dem Titel "Scientists in Search of their Conscience" beim Springer-Verlag Berlin - Heidelberg - New York veröffentlicht. Die hier vorliegende deutsche Ausgabe habe ich aus dieser Originalausgabe stark überarbeitet und durch einführende Zwischenkapitel ergänzt.

Dr. A. R. MICHAELIS, London, Dr. JOSEF COHN und Frau RENATE v. BAMBERG, Europäisches Komitee des Weizmann-Instituts, Zürich, danke ich für die Zusammenarbeit und Hilfe bei der Abfassung der deutschen Ausgabe. Dr. DIETER GAUSS, Göttingen, und Dr. HARALD K. WIEBKING, Springer-Verlag Heidelberg, bin ich für die redaktionelle Bearbeitung des Manuskripts verbunden.

Göttingen, im Sommer 1974   F. CRAMER

Inhaltsverzeichnis

Einführung: Wissenschaft und Gesellschaft in unserer Zeit
    Friedrich Cramer   1

„Grenzen des Wachstums" in der Wissenschaft?*   7
Können wir die biotechnologische Zukunft bewältigen?
    Friedrich Cramer   9

Der „Neue Mensch"* 31
Gedanken eines Forschers über das menschliche Wertsystem
    Aharon Katzir-Katchalsky 33

Physik zwingt zu internationaler Zusammenarbeit * 46
Die Physik und das menschliche Denken und Handeln
    Léon Van Hove 48

Sinnvolle und sinnlose technische Entwicklungen* 56
Physik und Gesellschaft
    Chaim L. Pekeris 58

Das Leib-Seele-Problem in unserer Zeit* 69
Hirnforschung und die Kontrolle über den menschlichen Geist
    David Samuel 70

Die mit * gekennzeichneten einführenden Texte
sind von F. Cramer verfaßt.

Wissen ist Macht* 79
Forschung und die Verantwortung des Wissenschaftlers in unserer Gesellschaft
    JEAN-JACQUES SALOMON 81

Technokraten und Demokraten* 94
Naturwissenschaften und die Krise der Demokratie
    MICHAEL FELDMAN 96

Kreativität im nachtechnischen Zeitalter* 104
Reine und angewandte Forschung
    VICTOR F. WEISSKOPF 106

Wissenschaftliche und politische Vernunft
    RAYMOND ARON 116

Anhang: Das Weizmann-Institut 122

Biographien 124

Einführung: Wissenschaft und Gesellschaft in unserer Zeit

Wissenschaft und *Gesellschaft* durchdringen sich heute in vielfältiger Weise. Eine wesentliche Folge dieser Verflechtung ist, daß die Forscher zu einem höheren Maß an Verantwortung gegenüber der Gesellschaft aufgerufen sind. Wissenschaftler sind nicht nur von Berufs wegen zur Vermehrung des *Wissens* da, es wird von ihnen heute auch ein geschärftes *Gewissen* erwartet. Gewissen ist hier nicht ausschließlich im moralischen Sinne zu verstehen, so etwa wie die Atomphysiker nach der ersten Atomexplosion ein schlechtes Gewissen hatten, es meint im weiteren Sinne des Begriffes eine höhere Form von übergeordnetem Wissen, so wie der Gedanke eine höhere Ausprägung des Denkens ist. Forscher sollten auf Grund ihres größeren Wissens-Standes in der Lage sein, ihr Wissen und ihre Tätigkeiten besser zu verantworten: vor dem Steuerzahler die Ausgaben, die mit der Forschung verbunden sind; vor den Technikern die technologische Anwendung, die aus den Forschungsergebnissen hervorgeht; vor den Lernenden, wieweit und wohin wir die Grenzen unseres Wissens vortreiben; vor den Politikern die Veränderungen gesellschaftlicher Strukturen mit Hilfe der Wissenschaften.

Warum interessiert sich unsere Gesellschaft heute in zunehmendem Maße für Wissenschaft, warum gibt es erstmalig in dieser Dekade Ansätze zu einer international koordinierten Wissenschaftspolitik, warum nehmen Gesellschaft und Politik verstärkt Einfluß auf die Wissenschaft und umgekehrt? Die Gründe hierfür sollen nach Sachgebieten gegliedert aufgeführt werden.

Großforschung

Der Zweite Weltkrieg hat in den Vereinigten Staaten und Großbritannien zu einer nie dagewesenen Mobilisierung der Forschung geführt. Es wurde die Reaktortechnik, die Raketentechnik oder das Radar konzipiert und zur technischen Reife gebracht, um nur einige Beispiele zu nennen. Die Ziele dieser Forschung ergaben sich aus politischen Notwendigkeiten. Die Gesellschaft erwartete die Lösung dieser Aufgaben, zum Beispiel um den Krieg zu gewinnen, Menschen auf den Mond zu schießen oder die Energielücke zu schließen. Für diese Projekte werden nicht mehr wie bisher Millionenbeträge sondern Milliardenbeträge ausgegeben. In der Bundesrepublik Deutschland flossen in die Großforschung soundsoviel Prozent der von der öffentlichen Hand finanzierten Forschungsmittel und soundsoviel Prozent des jährlichen Budgets. Großforschungsinstitute haben oft Tausende von Mitarbeitern, von denen jeder eine kleine Teilaufgabe im Rahmen des Großprojektes bearbeitet. Die meisten dieser Großforschungsprojekte leiten sich von der physikalischen Forschung ab, der Kernforschung, der Raumfahrt — jedenfalls bisher. Nunmehr zeichnen sich aber auch biologisch-medizinische Großforschungsprojekte ab, das amerikanische Krebsprogramm oder das Internationale Biologische Programm (IBP). Es liegt ein weiter Weg zwischen den von EINSTEIN im Schweizer Bundespatentamt in langweiligen Dienststunden mit Formeln vollgekritzelten Papieren und der Atombombe von Hiroshima. Und doch hat sich diese Entwicklung in einer einzigen Generation vollzogen, denn EINSTEIN hat noch in seinem Alter mit jenem berühmten Brief an ROOSEVELT die Entwicklung der Atombombe eingeleitet. Die Großforschung hat den Wissenschaftler endgültig aus seinem Elfenbeinturm herausgeworfen.

Damit ist freilich nicht gesagt, daß es nicht auch noch weiterhin Grundlagenforschung mit relativ geringem Aufwand und hohem Innovationspotential gibt, die sich — fast wie früher — im stillen Kämmerlein vollzieht. Diese freie, wirkliche Grundlagenforschung darf jedenfalls nicht verkümmern, wenn der Fortschritt des Denkens überhaupt erwünscht ist und gewährleistet werden soll.

Medizinische Forschung

Warum hat heute medizinische Forschung einen so hohen Stellenwert im Bewußtsein der Öffentlichkeit? Der alte Menschheitstraum von einem Leben frei von Krankheiten und Not war bis vor hundert Jahren eine Utopie, ein Herbeisehnen des Paradieses auf Erden; heute ist die Realisierung dieses Traumes greifbar nahe. Seuchen, Hungersnöte und eine Säuglingssterblichkeit von über 50 % waren bis vor hundert Jahren gottgewollte Naturereignisse. Mit dem Fortschritt der medizinischen Wissenschaft sind diese „Naturereignisse" abwendbar geworden. Hygiene und Antibiotika haben Seuchen und Infektionskrankheiten praktisch eliminiert. Hungersnöte sind im Prinzip abwendbare Fehlentwicklungen, die durch Mißwirtschaft und mangelhaften Austausch von Gütern oder mangelnde Hygiene verschuldet sind. Gesundheit und ausreichendes Essen sind ein öffentlicher Anspruch, eine Selbstverständlichkeit, jedenfalls für den Nordamerikaner und Mitteleuropäer. Der öffentliche Anspruch auf Gesundheit ist folgerichtig auch in den Krankenversicherungssystemen der meisten Staaten niedergelegt. RÖNTGEN konnte vor 80 Jahren die von ihm entdeckten Strahlen als seine private Entdeckung betrachten (sie war auch kaum aus öffentlichen Mitteln finanziert). Wenn heute in einem der großen Krebsforschungszentren ein Mittel gegen eine Form des Krebses entdeckt werden würde, so wäre dies auch eine Angelegenheit des Staates, der den Auftrag zu diesen Forschungen gegeben hat.

Auf der Welle des Erfolgsoptimismus der medizinischen Forschung sind freilich die Schattenseiten, die Fehlentwicklungen nicht zu übersehen, und auch diese sind eine Angelegenheit der Gesellschaft. Ich meine hier in erster Linie die Bevölkerungsexplosion, die eine direkte Folge der Einführung moderner medizinischer Methoden bei gleichzeitiger Beibehaltung der alten gesellschaftlichen Strukturen ist. Folgerichtig gibt es nur zwei Möglichkeiten, um die Bevölkerungsexplosion zu stoppen: Entweder die modernen medizinischen Möglichkeiten werden nicht ausgenützt, d. h. die Menschen und Säuglinge sterben weiter wie vor hundert Jahren in großen Zahlen; das muß man heute mit Recht als unmoralisch betrachten. Oder die gesellschaftlichen Strukturen in den betreffenden Ländern werden geändert, die Sippenstrukturen zerstört und die moderne Zweikinderehe eingeführt.

Biologische Forschung

Der Zusammenhang zwischen biologischer Forschung und Gesellschaft ist für unsere gegenwärtige Zeit nicht so deutlich. Dennoch liegen hier, insbesondere im Hinblick auf die Zukunft, tiefgreifende, weltverändernde Entwicklungen vor uns, die zur Verantwortung aufrufen und mit geschärftem Gewissen wahrgenommen werden müssen. Ich möchte hier nur zwei Gebiete herausgreifen, die Züchtungsforschung und die Verhaltensforschung.

Die Züchtungsforschung hat zum Welternährungsproblem ganz wesentliche Beiträge geleistet. Hier sei nur erinnert an die Züchtung des Kurzstroh-Weizens, der die Ausdehnung des Weizenanbaus auch auf subtropische Gebiete gestattet, so daß die Bodenfläche ungleich besser ausgenützt werden kann. Und schon zeigt sich eine wichtige neue Entwicklung ab, die Züchtung mit Hilfe von haploiden Organismen. Hierunter versteht man Organismen, die nur einen halben Chromosomensatz besitzen, sich gewissermaßen im Zustand der Samenzellen befinden. Die Verschmelzung von zwei haploiden Organismen ermöglicht eine Züchtung sozusagen im Reagenzglas. Man braucht nicht mehr große Zahlen von Reihenversuchen in Treibhäusern zu machen, um die gewünschte Pflanze zu erzeugen.

Die Möglichkeiten der biochemischen Genetik, d.h. der direkten molekularen Beeinflussung von Erbmaterial zeichnen sich ab. Hierüber wird noch zu berichten sein.

Ein anderes wichtiges Gebiet, welches an die Erkenntnisgrundlagen sozialer Systeme greift, ist die moderne Verhaltensforschung. Aus zunächst ganz abstrakten zoologischen Untersuchungen (zum Beispiel KONRAD LORENZ mit seinen Gänsen in Seewiesen) hat sich eine Wissenschaft von den Verhaltensweisen und -normen des Menschen entwickelt, die uns zeigt, in wie starkem Maße wir in unserem Verhalten genetisch vorgeprägt sind. Diese Erkenntnisse haben hohe politische Relevanz, um nicht zu sagen Brisanz. Sie widerlegen nämlich die Behaveouristen (= der Mensch verhält sich so, wie er erzogen wird) und die Marxisten (= der Mensch ist das Produkt der ökonomischen Verhältnisse). Hier werden also weltbeherrschende Ansichten und Philosophien über die Gesellschaft durch wissenschaftliche Resultate in die Schranken gefordert.

Informatik

Unsere Kommunikationsformen sind durch wissenschaftliche Entdeckungen einem raschen Wandel unterworfen. Das Speichern und Verarbeiten von Daten ermöglicht nicht nur eine quantitative Verbesserung der Kommunikations- und Informationsmöglichkeiten, sondern in vielen Fällen auch eine qualitative Veränderung. Die Raumfahrt oder das Betreiben von Atomreaktoren wären ohne Computer nicht möglich. Bestimmte wissenschaftliche Fragestellungen, die schon lange anstanden, lassen sich erst jetzt lösen. Aber auch in unser tägliches Leben und Lebensgefühl greift die elektronische Informatik ein. Die Tatsache zum Beispiel, daß ich einen Kollegen oder Geschäftsfreund in New York oder Boston innerhalb von 30 Sekunden anwählen kann, schafft neue Möglichkeiten und Qualitäten. Jeder kann heute dabei sein, wenn auf der anderen Hälfte des Globus sportliche Wettkämpfe ausgetragen werden oder Staatsmänner sich die Hände schütteln, denn Fernseh-Satelliten übertragen das Ereignis im selben Augenblick. Mit Hilfe von Computern kann man den Ausgang von Wahlen vorausberechnen oder Verbrechen bekämpfen.

Aber auch hier gibt es Schattenseiten: Je mehr der Mensch in die Kommunikationssysteme eingeschlossen ist, um so weniger kann er seine eigenen schöpferischen Gedanken sammeln, sich auf sich selbst zurückziehen und seine individuelle Persönlichkeitsstruktur entwickeln.

Forscher entwerfen die Zukunft

Erstmalig in der Geschichte der Menschheit entwirft der Mensch seine eigene Zukunft, ja er muß sie sogar entwerfen. In unserer Zeit der Verwissenschaftlichung und Technisierung hat der Mensch seine eigene Entwicklung so sehr in die Hand genommen, daß er sie nicht mehr fallen lassen kann, die Stafette muß die Fackel weitertragen. Die Zukunft ist nicht mehr gottgewollt, irrational, sondern wird von uns gestaltet. Der Mensch projiziert sich auf seine Zukunft hin.

Wer aber macht die Zukunft? Imagination, schöpferische Phantasie ist *die charakteristische* Gabe des Menschen. Er kann sich mit dieser Fähigkeit alle Konsequenzen seines Handelns ausmalen. Nach der schlimmen Seite hin sieht er Unglücksfälle, Verbrechen, Überbevölkerung, Krieg, Mord und Totschlag. Aber er sieht auch neue Möglichkeiten, Zukunftsentwürfe eines besseren Lebens, frei von Hunger, Krankheit und Unterdrückung, in der sich die schöpferischen Kräfte des Menschen frei entfalten können, freilich nicht unbedingt durch die Schaffung von neuen materiellen Gebilden, sondern von geistigen und künstlerischen Entwürfen. Ich meine, daß der „träumende Wissenschaftler" am ehesten geeignet ist, solche Zukunftsentwürfe vorzulegen, denn er allein übersieht das Reich der Realitäten, in welches diese Entwürfe hineingepaßt werden müssen. Die Verwirklichung dieser Zukunftsentwürfe ist dann Aufgabe der gesamten Gesellschaft, sie ist eine politische Aufgabe. Aber es ist die Aufgabe des Wissenschaftlers, die Zukunftsentwürfe vorzulegen. Er allein kann Utopien an den Realitäten messen und die Realitäten auf Utopien hin projizieren.

„Grenzen des Wachstums" in der Wissenschaft?

Die Spezies Homo sapiens hat sich bis zur Frühsteinzeit im Sinne des Darwinschen Evolutionsbegriffes biologisch entwickelt. Seit damals, d.h. seit etwa 100 000 Jahren hat der Mensch — eine zunächst vereinzelt auftretende, seltene biologische Spezies — sich die Welt vollständig zu eigen gemacht, sich den Zwängen der Natur, denen alle anderen Lebewesen unterliegen, fast vollständig entzogen. Dies war möglich durch die artspezifische Entwicklung des menschlichen Gehirns, durch die Kräfte des menschlichen Geistes, der die Sphäre des Geistes und der Kultur über die Natursphäre stellte. Körperlich hat sich die Spezies Homo sapiens seit dieser Loslösung von der Natur nur wenig verändert, aber der Mensch hat eine geistige Evolution durchgemacht, die ihn selbst und die Natur verändert hat. Wir sind unsere eigenen Schöpfer, wir machen uns unsere Evolution.

Nach welchen Wertmaßstäben und zu welchen Zielen? Kommt der seelenlose Roboter, der gezüchtete α^+-Mensch, der eine große Zahl von Heloten beherrscht? Stoßen wir an eine Grenze unserer Möglichkeiten?

Die seit einigen Jahren in Gang gekommene Diskussion über die Grenzen des Wachstums zeigt, daß der Erdball als geschlossenes System die vom Menschen eingeleiteten Entwicklungen nicht unbegrenzt verkraften kann. Materiell werden wir an Grenzen stoßen. Die Ölvorräte erschöpfen sich, die Gewässer sind verschmutzt, die Straßen sind verstopft, die Zuwachsraten der Löhne und Gehälter werden durch Inflationen aufgezehrt. Führt das zu einer Katastrophe? Und sind etwa Forschung und Technologie daran schuld? Viele Menschen sind heute dieser Meinung, eine antitechnologische Stimmung breitet sich aus. Ein Moratorium für die Forschung, ein Stop der Forschung wird diskutiert.

Hätte man den Forschern verbieten sollen, die Spaltung der Atomkerne zu entdecken? Dann hätten wir zwar keine Atombomben gehabt und nicht die Gefahr eines Atomkrieges, aber wir hätten auch keine Kernkraftwerke, die offenbar den einzigen Ausweg aus der globalen Energiekrise bieten.

Hätte man die biologische Forschung vor 25 Jahren angehalten, so wären zwar bis dahin die Infektionskrankheiten durch Antibiotika bekämpfbar gewesen, d.h. die großen Seuchen in den Entwicklungsländern wären ausgestorben, aber es gäbe heute keine Antibabypille, die das einzige Mittel darstellt, die durch den Fortschritt der medizinischen Forschung entstandene Bevölkerungslawine aufzuhalten.

Nein, wir können die Entwicklungen nicht aufhalten, die Geister, die wir riefen, nicht wieder gänzlich verbannen, wir müssen versuchen, mit Forschung und Technologie auszukommen und ein neues Verhältnis zu ihr zu gewinnen. Unser Leben ist technisch, und wir verdanken Wissenschaft und Technik Glück, Wohlstand und Sicherheit. Wir brauchen deshalb auch weiterhin technisch und wissenschaftlich geschulte Menschen. Das geistige Gut „Wissenschaft und Technologie" muß beibehalten und an künftige Generationen weitergegeben werden; es könnte jedoch nicht mehr tradiert werden, wenn ein Moratorium verordnet würde — wir würden in die Steinzeit zurückfallen.

Ungeheure Aufgaben stehen vor uns. Können wir sie bewältigen?

Können wir die biotechnologische Zukunft bewältigen?

FRIEDRICH CRAMER

Wissenschaft und wissenschaftliches Denken haben uns den Fortschritt gebracht, den hohen Lebensstandard, die hohe Lebenserwartung, das hohe Bildungsniveau. Sind wir deshalb glücklicher? Was heißt überhaupt Glück? Sind wir auf dem richtigen Wege? Oder sind wir dabei, unseren Lebensraum und unsere Existenz mutwillig zu zerstören?

Fragen über Fragen. Ich kann sie nicht alle beantworten, aber ich will versuchen, einige Teilantworten aus der Sicht des biologisch-medizinischen Forschers zu geben.

Was ist heute Biologie?

Biologie, die Wissenschaft vom Leben, bezeichnet die logische und kausale Erfassung und Klassifikation der Biosphäre. Ich möchte zuerst die scheinbar einfache Frage stellen, ob die Erscheinungen des Lebens grundsätzlich — und gegebenenfalls in welchem Grade — wissenschaftlicher erfaßbar sind. Also die Frage: Ist Biologie als exakte Naturwissenschaft möglich? Der Naturforscher hat die Aufgabe, konsistente Theorien über das System der realen materiellen Welt aufzustellen und sie zu prüfen. Eine Theorie kann dann als konsistent angesehen werden, wenn sie alle experimentellen Fakten in logische, kausale und chronologische Beziehung bringt. Die Experimente, die sich aus der Theorie ergeben, müssen im Prinzip zu jeder Zeit reproduzierbar sein, obwohl zugegebenermaßen sich für die praktische Durchführung der Reproduzierbarkeit Hindernisse entgegenstellen können, wenn man es mit sehr komplexen Systemen zu tun hat.

Zum Beispiel ist es recht einfach, die Galileischen Fallgesetze experimentell nachzuprüfen; man braucht dazu nicht unbedingt den einzigartigen schiefen Turm von Pisa; mit einer guten Stoppuhr gelingt das in jeder Physikvorlesung.

Schwieriger ist es schon, bestimmte Sätze der allgemeinen Relativitätstheorie experimentell nachzuweisen, wenn dazu etwa bestimmte Konstellationen der Gestirne, Sonnenfinsternisse oder ähnliche Ereignisse notwendig sind, die nur alle Dezennien einmal in dieser Form auftreten.

Und noch schwieriger wird die experimentelle Nachprüfung, wenn es sich um hochkomplexe Systeme handelt, in denen unzählige Parameter zu unzähligen zu lösenden Gleichungen führen. Solche komplexen Strukturen besitzen die meisten biologischen Systeme.

Eine wissenschaftliche Theorie kann als objektiv richtig angesehen werden, wenn sie auf einen Gegenstand zu jeder gegebenen Zeit unter einem bestimmten Satz von Parametern angewendet werden kann. Die naturwissenschaftliche Theorie hat pragmatischen Charakter, sie ist stets offen für Modifikationen oder sogar fundamentale Änderungen: wenn die experimentellen Resultate abweichen, muß die Theorie geändert werden.

Die Newtonsche Theorie des Lichtes besagte bekanntlich, daß Licht aus korpuskulären Partikeln bestünde, die sich rasch und geradlinig fortbewegten. Als dann die Beugungs- und Interferenzerscheinungen des Lichtes gefunden wurden, die weitgehend den Wasserwellen glichen, entstand die Wellentheorie des Lichtes; man nahm „Ätherwellen" an und konnte damit die Lichterscheinungen quantitativ erfassen. Mit dem Entstehen der Atom- und Quantenphysik genügte auch diese Beschreibung nicht mehr. Heute spricht man von „Wellenpaketen".

Durch gegenseitige Befruchtung von Experiment und Theorie, die wiederum am Experiment geprüft wird, vollzieht sich der wissenschaftliche Fortschritt.

Das sei am Beispiel der Mendelschen Gesetze erläutert: Nach diesem Gesetz kann man die Zahl der roten und weißen Blüten in der Nachkommenschaft von Erbsen voraussagen; wenn die Vorhersage sich als falsch erweist, ist entweder das Mendelsche Gesetz falsch oder ein neues unvorhergesehenes Ereignis, das erklärt werden muß, ist eingetreten. Solch ein Ereignis kann eine Mutation sein. Die fortschreitende Wissenschaft hat dann die Aufgabe, diese Mutation zu erklären und in das wissenschaftliche System einzubeziehen.

In diesem Sinne kann der Begriff „Naturwissenschaft" (im Sinne von „science") reduziert werden auf eine Methodik, die Realitäten beschreibt, jedoch keine eigentlichen Inhalte hat, wobei ich unter „Inhalt" verstehe: Theorien, die fixiert werden können, etwa Ideen im Kantschen Sinne. Da in den Naturwissenschaften sich Theorien immer für eine Modifikation offenhalten müssen, gibt es keine fixierbaren Theorien und definitionsgemäß keine Inhalte. So trivial diese Feststellung erscheinen mag, es ist wichtig, sie hier zu treffen, um naturwissenschaftliches Denken gegen ideologisches Denken abzugrenzen.

Mit dem Fortschritt der Wissenschaft und der Verfeinerung der Methoden sind naturwissenschaftliche Methoden auf immer komplexere Zusammenhänge angewendet worden, bis schließlich die komplexen biologischen Systeme beschrieben werden konnten. „Leben" läßt sich darstellen als ein Netzwerk von materiellen und energetischen Effekten mit zahlreichen Regulations- und Rückkopplungsmechanismen.

Eines der ersten wissenschaftlichen Gesetze in der Biologie ist charakteristischerweise ein Gesetz, das die Herkunft und auch die Zukunft eines Individuums zu beschreiben versucht, das über 100 Jahre alte Mendelsche Vererbungsgesetz. Diese erste Quantifizierung eines grundlegenden biologischen Prozesses hat die Biologie begründet, oder besser gesagt, die Aufnahme der Biologie in den Bereich der modernen Naturwissenschaften ermöglicht.

Es wurde dann weiter gefragt, welche Bezirke der Zelle sind für die quantitative Weitergabe der Erbeigenschaften verantwortlich: Die Chromosomen wurden entdeckt. Man fragte weiter, welche Teile des Chromosoms tragen diese Erbeigenschaften: Man fand die Nukleinsäure. Man fragte sich, was sind Nukleinsäuren und fand deren makromolekulare Struktur und die Doppelhelix. Man fragte, wie funktionieren Nukleinsäuren und wie vermehren sie sich und fand die semikonservative Reduplikation der Nukleinsäure-

Stränge. Man fragte sich, wie können Nukleinsäuren die Erbinformation speichern und fand den genetischen Code. Man fragte sich, wie kann dieser Code übersetzt werden und fand die transfer-Ribonukleinsäure. Kurzum, Biologie ist auf Moleküle zurückgeführt, sie ist molekulare Biologie geworden. Sie ist damit ein Teilgebiet der Chemie, ein Zweig der Naturwissenschaften, der nur wegen seiner Komplexität relativ spät der quantitativen wissenschaftlich exakten Erfassung zugänglich wurde.

Wir können also davon ausgehen, daß die Grundprinzipien der Biologie heute verstanden werden. Das bedeutet jedoch nicht, daß schon alle wesentlichen Fragen gelöst wären: Vieles bleibt noch zu tun und zu beantworten. Aber diese Antworten stehen nicht wegen grundsätzlicher Schwierigkeiten aus, sondern nur deshalb, weil die Systeme derart komplex sind, daß sie sich nicht einfach und rasch lösen lassen. Hier seien einige Beispiele gegeben.

Bekanntlich enthält jede befruchtete Eizelle die gesamte Information für alle Zellen des späteren Gesamtorganismus, auch für die hoch differenzierten Zellen mit Spezialaufgaben. Die Eizelle enthält z.B. die Information für den Aufbau der Netzhaut des Augenhintergrundes oder für Zellen der Nebennierenrinde, die bestimmte Hormone abzusondern haben. Diese Informationen sind latent, sie werden erst in späteren Entwicklungsstadien ausgeprägt. Und umgekehrt: Jede hoch differenzierte Körperzelle trägt die gesamte Erbinformation für jede andere Zelle des Körpers, aber in diesen ausdifferenzierten Zellen, etwa der Nebennierenrinde, bleibt alle übrige Information unterdrückt, sie ist abgeschaltet. Der Prozeß der Ausformung verschiedener Zelltypen aus dem gleichen Erbmaterial wird Differenzierung genannt. Er ist die Grundlage für die Entwicklung der hoch organisierten und spezialisierten multizellulären Organismen und Lebewesen. Wir wissen noch wenig über die hier waltenden, übergeordneten Steuerungsprozesse.

Ein anderes, von uns noch nicht verstehbares Gebiet ist die molekulare und physikalische Struktur unseres Zentralnervensystems und seine Funktionsweise. Wie wird die Gedächtnisinformation im Gehirn gespeichert? In Form von chemischen Strukturen? Als elektrisches Schaltmuster der vielen Millionen synaptischen Schalter? Wie erfolgt der rasche Abruf von Information?

Inwieweit sind die Vorgänge des Zentralnervensystems einer äußeren Beeinflussung zugänglich?

Diese beiden, als Beispiele genannten Forschungsgebiete stehen augenblicklich in intensiver Bearbeitung, sie sind reif für die quantitativ physikalisch-chemische Behandlungsweise der modernen Biologie und werden wahrscheinlich Hauptarbeitsgebiete der molekularen Biologen in den nächsten 50 Jahren sein.

Biologie und Geschichte

Der Mensch, als erstes und einziges Wesen mit kritischem Bewußtsein, hat, sobald er aus dem Dämmer der Prä-Hominiden herausgetreten war, versucht, durch sein Bewußtsein und seinen Verstand die Welt zu ordnen, durch Wissen Macht über die Natur zu erlangen. Dieser Prozeß mußte sich entsprechend dem zunächst kleinen überschaubaren Bereich und entsprechend den Gewalten, denen der Mensch ausgesetzt war, mit weitgehend symbolisierender Bannung der Umwelt begnügen: Naturgottheiten und Dämonen sind die psychischen Projektionen dieses Absonderungs- und Neutralisierungsprozesses.

Die Welt wird komplizierter. Aus der rein symbolisierenden Betrachtungsweise, wie sie etwa im alten Ägypten anzutreffen war, wird die Beschreibung von Tatbeständen und Erfahrungen menschlicher Gruppen, von Staatswesen und ihren Interaktionen. Einen Höhepunkt der Geschichtsschreibung bedeutet das Werk von THUKYDIDES; für ihn war die Geschichte des peloponnesischen Krieges ein allgemein gültiges Lehrbeispiel mit gezielter pädagogischer Anwendung. Aber Geschichte hatte für ihn keine Eigengesetzlichkeit.

Die abendländische Geschichtsauffassung ist aus der eschatologischen Orientierung des Christentums entstanden, die der Geschichte, die zunächst als Heilsgeschichte aufgefaßt wurde, eine eigene, transzendente Gesetzlichkeit, einen höheren Sinn zuschrieb, nämlich den der Errichtung des Reiches Gottes entweder konkret auf dieser Erde oder abstrakter in fernster Zukunft am Jüngsten Tage. Versuche von säkularisierten historischen Ontologien wurden dann im 19. Jahrhundert von HEGEL und — darauf basierend — höchst erfolgreich, umfassend und praktisch anwendbar von MARX unternommen.

Die verfeinerten Methoden der naturwissenschaftlichen Beobachtung und die konsequente Anwendung des Kausalitätsprinzips, die Ergebnisse der vergleichenden Biologie und die Möglichkeiten des Sammelns und Speicherns großer Mengen von Informationsdaten führten schließlich zur Erkenntnis, daß alle lebenden Arten in das System eines Stammbaums eingeordnet werden können, daß sie sich vom „Primitiven" zum „Höheren" entwickelt haben. Die Entwicklung des Lebendigen bis zum Homo sapiens hin als historischer Ablauf von knapp einer Milliarde Jahren ist heute eine feststehende wissenschaftliche Tatsache.

Eines blieb jedoch zunächst unerklärbar und mußte der „Schöpfung" überlassen werden: Die Entstehung eines lebenden „Einzellers". Von da ab jedoch funktioniert das Darwinsche System der Auslese des Zweckmäßigsten praktisch lückenlos in alle Verästelungen der Biologie. Die biochemische und molekularbiologische Forschung ist heute dabei, auch noch die letzte Lücke dieser Evolutionsreihe vom anorganischen Molekül bis zum Homo sapiens zu schließen.

Über die Entstehung des Lebens auf unserem Planeten können wir uns auf Grund erdgeschichtlicher Kenntnisse, aber auch auf Grund von heute nachzuvollziehenden Experimenten recht detaillierte Vorstellungen machen.

Solche Experimente sind in den vergangenen Jahren in vielen Laboratorien durchgeführt worden. Man kann in einem Kolben die Erdatmosphäre, so wie sie wahrscheinlich vor einer Milliarde Jahren zusammengesetzt war, nachahmen und dann künstlich die Bedingungen herstellen, die wahrscheinlich damals geherrscht haben, zum Beispiel starke Bestrahlung oder blitzartige elektrische Entladungen. Wenn man in einem solchen Kolben eine Mischung von reinen, anorganischen Substanzen hat, entdeckt man nach einiger Zeit die wichtigsten chemischen Bausteine, aus denen die jetzt lebenden Organismen zusammengesetzt sind: die Bestandteile der Nukleinsäuren und die Aminosäuren, die die Untereinheiten der Proteine sind.

Auf Grund dieser Experimente kann man annehmen, daß diese Urverbindungen auf der Erdoberfläche sich zu einem Zeitpunkt bildeten, als sich die Ammoniak-CO_2-Atmosphäre teilweise in unsere gegenwärtige Sauerstoff-Stickstoff-Atmosphäre umzuwandeln begann. Diese ersten, komplizierteren chemischen Verbindungen können sich in einer Art „Ursuppe" gebildet und gleichzeitig ihre eigene Synthese katalysiert haben.

Desoxyribonukleinsäuren tragen die Erbinformationen aller lebenden Zellen. Diese Nukleinsäuren sind lange, komplementäre Doppelstränge, Doppelhelix genannt. Diese Doppelhelix enthält die gesamte Erbinformation in einer 4-Buchstabenschrift, die nach dem genetischen Code verschlüsselt ist. Dieser genetische Code wurde vor zehn Jahren entziffert, was eine der größten Entdeckungen dieses Jahrhunderts sein dürfte. Der Doppelstrang der Nukleinsäure enthält die Erbinformation zweifach. Die Information wird vollständig und richtig während der Zellteilung kopiert. Das funktioniert heutzutage, in unserem Erdzeitalter, mit Hilfe bestimmter zellulärer Mechanismen.

Wie kann ein solcher Mechanismus durch Evolution entstanden sein? Die Frage erhebt sich: Können bestimmte Nukleinsäuren, die einmal zufällig in der Ursuppe entstanden sind, einen Selektionsvorteil über andere zufällig entstandene Nukleinsäuren haben, so daß diejenigen mit dem Selektionsvorteil schließlich in größerer Menge entstehen und „den Kampf ums Dasein" gewinnen? Das kann durchaus sein. Selektion brauchte damals nicht unbedingt nach den Kriterien zu erfolgen, die uns heute wichtig erscheinen. In der präbiotischen Phase könnten bestimmte chemische Strukturen einfach deshalb einen Überlebensvorteil gehabt haben, weil sie ihre eigene Bildung durch Rückkopplung katalysierten. Auch wenn dieser Vorteil in der Entstehung oder Entstehungsgeschwindigkeit nur Bruchteile von Prozenten betragen hat, so könnte doch dadurch die gesamte Nukleinsäure-Population schließlich zu einer Standardnukleinsäure umgewandelt worden sein, da alle anderen Nukleinsäuren nur statistisch entstanden.

Zu irgendeinem Zeitpunkt der präbiotischen Erdgeschichte muß eine wechselseitige Beeinflussung zwischen Aminosäuren oder primitiven Proteinen und Nukleinsäuren stattgefunden haben, damit die Nukleinsäuren die Bildung von bestimmten Proteinen übergeordnet organisieren konnten. Wir wissen genau, wie heute die Nukleinsäuren als Organisationselemente des Zellkerns die gesamte Proteinsynthese regulieren und wie die lineare Information der Nukleinsäuren in eine bestimmte Proteinsequenz übersetzt wird. Dieser Vorgang schließt eine höchst raffinierte Wechselwirkung zwischen Nukleinsäuren und Proteinen ein, in welcher die Transfer-Ribonukleinsäure eine entscheidende Rolle spielt. Dieses Molekül, das darf ich hier anmerken, ist der Gegenstand meiner wissenschaftlichen Forschung.

Am Ende dieser präbiotischen, noch chemischen Phase unserer Lebensgeschichte steht der Einzeller. Die molekularen Vorgänge bis zu dieser Entwicklungsstufe sind im Prinzip verstanden. Sie sind kürzlich quantitativ in eine neuartige physikalisch-mathematische Theorie gefaßt worden (M. EIGEN, 1971). Bakterien haben bereits das gleiche Informations-Übersetzungs-Verfahren wie höhere Organismen; die Mechanismen für die Replikation jedes Lebewesens sind also bereits beim Einzeller perfektioniert. Der Einzeller ist also bereits das Endprodukt der Evolution, wenn man darunter die Herausarbeitung der wesentlichen Prinzipien des Lebendigen versteht.

Leben ist gekennzeichnet durch zwei Begriffe:
1. Reproduzierende Autonomie, d.i. die Fähigkeit, sich gegen die Umwelt als autonome Art zu erhalten und zu reproduzieren.
2. Evolutionäre Teleonomie, d.i. die Gesetzlichkeit, nach der sich die Biosphäre in gerichteter Weise auf ein Ziel hin ändert.

Die Autonomie mit ihren reproduzierenden, molekularen Mechanismen können wir weitgehend verstehen. Was bedeutet die Teleonomie des Lebens? Sie ist *der Sinn der biologischen Geschichte*, der Geschichte der Evolution. Die Biologie ist damit an die Universalgeschichte angeschlossen, und die Frage ihrer Teleonomie muß nach den gleichen Prinzipien gestellt und beantwortet werden wie die Frage nach dem Sinn der Universalgeschichte. Damit unterliegt sie all den Spekulationen, die jene Geschichtstheorien und Ontologien beherrschen. Man kann diese Theorien in zwei sich widersprechende Gruppen teilen.

Teleonomie ermöglicht und steuert die autonome Reproduktion (Stichwort: Vitalismus)

oder

Teleonomie wird durch die Selbstreproduktivität hervorgebracht als „Überbau" (Stichwort: Dialektischer Materialismus).

Wie kann man diese Antinomie lösen? Zu Lösungsversuchen im ersten Sinne zählen alle vitalistischen Theorien, die davon ausgehen, daß jeder Materie eine *vis vitalis* zur Verfügung stehe. „Lebende Materie" ist allerdings ein Widerspruch in sich selbst. Lebend können immer nur Systeme sein, und zwar solche, die durch Rückkopplung die Eigenschaft der Reproduktivität besitzen.

Eine metaphysische Lösung ist die, daß man annimmt, Reproduktivität und Ausrichtung (auf den Punkt Ω) seien inhärente Eigenschaften des Lebens, die in mehr oder weniger starker Weise — je nach Evolutionshöhe — sich ausdrücken, wobei der Mensch die höchste Stufe erreicht habe. Der Mensch oder mindestens ein künftiger, zu maximaler transzendenter Einsicht gelangter Mensch ist das Endprodukt der Evolution; dies ist die Interpretation von TEILHARD DE CHARDIN. Solche Theorien, was auch immer sie sein mögen, sind wissenschaftlich nicht relevant, denn sie benützen Axiome aus nichtwissenschaftlichen Bereichen.

Die zweite Lösung, nämlich, daß Teleonomie der Überbau auf Reproduktivität ist, ist der einzige physikalisch vertretbare Standpunkt. Die Thermodynamik irreversibler Prozesse schließt nicht aus, daß sich an einzelnen Stellen des Universums gegen die statistische Wahrscheinlichkeit hochkomplexe Strukturen gebildet haben, die sich schließlich autonom immer höher organisieren, sich ihre eigene Geschichte machen. Nach dem Sinn dieser Geschichte braucht man dann nicht mehr zu fragen, sie wäre eine ständige zwangsläufige „Flucht nach vorne", die Lebewesen, Gehirne und Gedanken hervorbringt. Genausowenig wie der rigorose dialektische Materialismus eines „Zeitgeistes" bedarf, genausowenig braucht die Evolution eine *causa vitae*. Im System von „science" ist eine solche *causa vitae* in die Voraussetzungen nicht eingeschlossen bzw. qua Voraussetzung ausgeschlossen; sie kann infolgedessen am Ende nicht wieder erscheinen.

Aber noch mehr: Nicht nur die *causa vitae* ist qua Voraussetzung eliminiert, sondern auch die Möglichkeit, nach ihr zu fragen. Wenn J. MONOD zu der für ihn resignierenden Feststellung kommt, daß wir das Produkt von *Zufall* und *Notwendigkeit* seien, so ist dieses eine nicht streng wissenschaftliche Feststellung, obwohl er sich ganz auf dem Boden der Naturwissenschaften zu bewegen glaubt. Denn es sind in seinem System Wertungen und Fragen nach dem Sinn (dem „Sein") enthalten, die eben schlechterdings die Naturwissenschaft aus sich heraus nicht stellen darf. Man wird Naturwissenschaftler durch einen Akt der Resignation, der pragmatischen Selbstbeschränkung auf eine definierte Aufgabe. Aber dann darf man sich doch hinterher nicht über das Ende aller Ideologien und die Leere des Universums beklagen oder sich heroisch vereinsamt fühlen!

Auch die Vokabeln *Zufall* und *Notwendigkeit* enthalten ideologische Bestandteile. Die Biosphäre ist nicht Produkt eines „Zufalls", sondern eines kosmischen Experiments nach dem wissenschaftlichen, allerdings nicht sehr ökonomischen Prinzip von „trial and error". Sie ist entstanden nach physikalischen Gesetzen, die nicht „nécessité" sind, sondern eben physikalische Gesetze — schlicht, wertfrei. Die Bildung des Bio-Kosmos auf Grund eines 6 Milliarden Jahre langen trial-and-error-Experimentes ist eine konsistente Erklärungsmöglichkeit für die Entstehung der heute existierenden materiellen Welt einschließlich unserer selbst. Das ist viel, sehr viel. Ist es alles?

Ich habe versucht, den Unterschied zwischen Geschichte und Naturgeschichte deutlich zu machen, weil mir hier Möglichkeiten zu fundamentalen Mißverständnissen unserer Zeit zu liegen scheinen. Heute stehen sich das positivistisch-naturwissenschaftliche Denken und eine antiwissenschaftliche, anti-technologische Denkweise nahezu berührungslos und verständnislos gegenüber.

Die positivistische Denkweise: Sie überträgt den biologischen Evolutionsgedanken, nach welchem sich stets das „Beste" durchsetzt, auf das Verhältnis von nachrevolutionärer Gesellschaft und der Natur, obwohl Evolution eigentlich nur zwischen *Natur* und *Natur* stattfinden kann. Das Evolutionsdenken ist in die wissenschaftliche Denkstruktur so sehr aufgenommen, daß man ungeprüft annimmt, im Prozeß zwischen *Kultur-Gesellschaft* und *Natur* setze sich ebenfalls immer das „Zweckmäßigste" und „Beste" durch, eine Annahme, die durch nichts gerechtfertigt ist.

Zum anti-wissenschaftlichen Extrem: Dieses hat seinen Ursprung in der nicht mehr durchschaubaren wissenschaftlichen und technologischen Struktur unserer Welt, die eine Entfremdung hervorruft. Es ist jedoch — in Erweiterung des marxistischen Begriffes — jetzt ein Entfremdungsprozeß anderer Ordnung, der nun nicht mehr nur den Arbeitsprozeß, sondern das gesamte Leben betrifft. Dieser Zustand der nicht bewältigten Technologie ist das Grundübel unserer Zeit. Man kann ihn aber nicht dadurch beseitigen, daß man Wissenschaft und Technologie abschafft. Das ist nun nicht mehr möglich.

Ich habe weiter oben gesagt, daß die Fähigkeit des Lebens sich zu reproduzieren schließlich auch einen Überbau schaffen kann, der die Richtung und den Sinn des Lebens angibt, und daß dieses die einzig wissenschaftlich haltbare These sei. Ich möchte eine weitere Konsequenz aus dieser These behandeln und auf die Evolution anwenden. Eine eindeutige Richtung der Evolution auf ein definierbares Ziel hin im Sinne eines Überbaus, der aus der Reproduktivität sich ergibt, führt nur dann zu einem einmaligen und unzweideutigen Resultat, wenn die Reproduktivität einmalig ist, das heißt, wenn die biologische Evolution nur in einer Richtung voranschreiten kann, bzw. wenn es nur eine einzige Evolution gibt oder nur eine einzige Evolution denkbar ist. Die Wahrscheinlichkeit, daß die Bausteine einer Nukleinsäure sich in der richtigen Sequenz aneinander reihen und ein Makromolekül mit biologischer Information für eine gesamte Zelle bilden, beträgt 1 zu 10^{100}. Selbst die 3 Milliarden Jahre (etwa 10^{16} Sekunden), die man für das Alter der festen Erdoberfläche ansetzen kann, würden niemals ausreichen, um solch ein Molekül rein statistisch eindeutig herzustellen. Tatsächlich lassen sich auch die reinen Wahrscheinlichkeitsgesetze nicht auf die Evolution anwenden, da bestimmte Auswahlvorgänge und bestimmte Optimierungsmechanismen in der präbiotischen Phase stattgefunden haben. Nichts rechtfertigt jedenfalls die Annahme, daß es nicht mehrere ähnliche Evolutionsmechanismen gäbe. Es würde tatsächlich die unerlaubte Einführung einer „vis vitalis" darstellen, wenn man eine solche Einmaligkeit der Evolution fordern würde. Es wären z.B. andere Informationsspeicher als die der Nukleinsäuren denkbar, oder andere Bausteine für die Proteine als die Aminosäuren oder sogar ganz andere grundsätzliche Lebensmechanismen. Aus all dem muß man folgern, daß parallele oder divergierende Evolutionen in verschiedenen abgeschlossenen Systemen möglich sind, z.B. auf anderen Planeten oder in anderen Sonnensystemen, die ihre eigene Teleonomie und damit ihre eigene Naturgeschichte erzeugen. Jedenfalls kann die Möglichkeit verschiedenartiger Evolutionen in anderen Systemen nicht ausgeschlossen werden. Zugegebenermaßen kann — mindestens bisher — nicht bewiesen werden, daß solche anderen Evolutionen existieren, aber die Tatsache allein, daß sie grundsätzlich möglich sind, schließt eine einzige autonome Evolution mit einem allgemein gültigen letzten Ziel, einer allgemein gültigen Teleonomie aus. Denn diese eine einzige Lösung der Aufgabe, das Universum zu konstruieren, ist extrem unwahrscheinlich und nach allen naturwissenschaftlichen Gesetzen darf man eine extrem unwahrscheinliche Hypothese nicht zur Theorie erheben. Die Verzweigungen verschiedener Evolutionen, die also im Prinzip möglich sind, könnten in den präbiotischen Phasen sehr viel mehr Verzweigungspunkte gehabt haben als in der paläontologisch überschaubaren biologischen Erdgeschichte. Es ist jedenfalls nicht möglich zu beweisen, daß die Evolution unvermeidlich in der Entwicklung von großen Hirnen und menschlichem Verstand einzumünden hätte, z.B. könnten Insektenvölker mit kollektiven Fähigkeiten oder Tiergruppen mit anderen als intellektuellen Fähigkeiten sich auch zu Primaten entwickelt haben. Die Natur hat schon früher verschiedene Sackgassen beschritten. Jede Verzweigung der Evolution ist im Prinzip eine solche Sackgasse. Was bestimmt deren Wert? Dieser Wert kann nur aus der teleonomischen Bestimmung, aus dem jeweiligen Ziel entnommen werden und dieses Ziel ist, wie wir festgestellt haben, niemals eindeutig oder klar, wenn es als ein Überbau auf die Reproduzierbarkeit des Lebens interpretiert wird. Man muß daraus schließen, daß es keine allgemein gültige Naturgeschichte, keinen allgemein gültigen Sinn der Naturgeschichte gibt. Wenn wir an dem Begriff Naturgeschichte überhaupt noch festhalten, dann müssen wir eine inhärente Relativität der Naturgeschichte konstatieren.

Ende der Evolution — Beginn der Manipulation

Im Verlauf der menschlichen Kulturgeschichte sind Ideen entwickelt und Entdeckungen gemacht worden, die den Menschen mehr und mehr aus der Zwangsläufigkeit der natürlichen Prozesse befreiten: Durch Ackerbau und Viehzucht wurde er unabhängig von dem zufälligen Angebot der Natur an Sammelbarem und Jagdbarem. Das Wort Kultur kommt von *colere* = Ackerbau treiben, es leitet sich also von der ersten, die Umwelt systematisch verändernden Erfindung ab, die eine biologische war. Durch Häuserbau befreite der Mensch sich von den Unbilden der Witterung, durch Kleidung schützte er sich vor Hitze und Kälte, durch Gesetze vor sich selbst. Dieser Kulturprozeß ist begleitet von Revolutionen und Katastrophen: Bauernvölker setzten sich gegen Nomaden durch, Stämme mit Metallwaffen und -geräten gegen den Steinzeitmenschen, Seefahrer entdeckten Kontinente und vernichteten damit Kulturen.

Seit einigen Jahren wird von der „Biologischen Revolution" gesprochen. Man vergleicht dann oft mit der atomaren Revolution, dem Eintritt in das Atomzeitalter, das durch eine gewaltige, katastrophale Explosion „eröffnet" wurde. Die biologische Revolution hat eine andere, viel langsamere Gangart. Sie ist bereits seit 100 Jahren im Gange, nämlich seit dem Zeitpunkt, da biologische und medizinische Forschung als naturwissenschaftliche Forschung im strengen Sinne aufgezogen wurde.

Die Entdeckung der Bakterien ermöglichte die nun fast vollständige Bekämpfung der Infektionskrankheiten. Wissenschaftliche Erkenntnisse zur Säuglingsernährung hatten einen drastischen Rückgang der Säuglingssterblichkeit zur Folge. Die Lebenserwartung der Menschen ist auf weit über das Doppelte gestiegen. Organe können verpflanzt werden. Nichts von diesen großartigen Leistungen ist gegen die Menschheit gerichtet. Es gibt kein Hiroshima, aber es gibt immer mehr ungelöste Fragen: Die Bevölkerungsexplosion, alte Menschen ohne Versorgung, hungernde Kinder in Asien, Thalidomidfälle, überernährte Menschen, Umweltgeschädigte.

In der Sicht des Biologen besteht der fundamentale Unterschied zwischen biologischen Prozessen und Kulturprozessen darin: Der biologische Metabolismus ist zyklisch, der Kulturmetabolismus ist linear. Kohlendioxid läuft über Verbrennung und Wiederaufnahme durch Pflanzen in einem Kreislauf. Wasser verdunstet und schlägt sich nieder. Kurzum: Energien und Stoffe werden in Kreisläufen geführt, denn die Natur, wie sie sich uns heute präsentiert, ist das Resultat eines in der Evolution erreichten Optimierungs- und Ökonomisierungsprozesses. Die analogen Kulturprozesse verlaufen dagegen nicht umkehrbar (irreversibel), linear vom Rohstoff zum Müllhaufen. Tatsächlich erhalten wir die ergiebigsten Zeugnisse früherer Kulturen aus deren Abfallstätten.

Der lineare Verbrauchscharakter der Kultur ist in seinem biologisch-materiellen Teil so lange unerheblich, als es sich um relativ begrenzte Veränderungen in der Welt handelt. Mit der Erfindung des Ackerbaus starben ‚Einhörner' und ‚Drachen' aus. Die Inbesitznahme der Prärie bedeutete das Ende der Bisons. Aber dieses und auch die jetzt aussterbenden Wale sind „kleine Fische" im Vergleich zu den Begleiterscheinungen, die uns die Fortschritte der biologischen Forschung gegenwärtig präsentieren.

Man hat sich bisher davor gedrückt, den Preis für diese Segnungen der Kultur zu bezahlen. In absehbarer Zeit werden ein Drittel der lebenden Menschen Pensionäre sein. Wie kann man sie menschenwürdig beschäftigen und unterbringen? Damit unsere Kinder ungefährdet durch das Säuglingsalter kommen, müssen wir eine größere Anzahl von lebensschwachen und pflegebedürftigen Kindern großziehen. Wo sind die Heime dafür? Die Beispiele ließen sich beliebig vermehren.

Die Diskussion in der Öffentlichkeit fokussiert sich heute hauptsächlich auf das Umweltproblem. Industrien, Waschmittel, Müllhalden, Medikamente werden verteufelt, um davon abzulenken, daß wir ja die Produkte der Industrien haben wollen, daß unsere Wäsche superweiß sein muß, daß jeder von uns den Müll verursacht und der Medikamentenverbrauch uns allen größere Gesundheit und

Genußfähigkeit gebracht und deswegen eine ungeahnte Höhe erreicht hat. Mir scheint, daß wir bisher in äußerst naiver Weise nur den Nutzen aus all diesen großartigen Entdeckungen gezogen haben — die ich in nichts schmälern möchte — ohne zu sehen, daß der Preis dafür wesentlich höher ist als ursprünglich vermutet.

Der Mensch ist aus der Evolution im Darwinschen Sinne herausgetreten. Er ist nicht mehr dem Gesetz des „Survival of the Fittest" unterworfen. Er hat es durch seine Intelligenz und Technologie verstanden, „biologische Mängel" bei weitem zu kompensieren: Sehfehler durch Brillen, Stoffwechselanomalien durch Insulin, Vitamine und Hormone usw. Durch Tradierung von Erlerntem, durch weitergegebene Erfahrung und Kommunikationsmöglichkeit beherrscht der Mensch die Natur derart, daß nicht nur seine eigene biologische Evolution zu Ende ist, sondern auch ein großer Teil der Evolution in der sogenannten natürlichen Umwelt. Man darf annehmen, daß die Erbeigenschaften körperlicher und charakterlicher (verhaltensmäßiger) Art seit Gilgamesch, Theseus oder den Nibelungen unverändert geblieben sind. Dies ist ein notwendiges Attribut der menschlichen Kultur und kann weder mit Bedauern noch mit Frohlocken konstatiert werden, sondern einfach als Tatsache.

Schon immer hat der Mensch die Welt verändert, aber in der zweiten Hälfte des 20. Jahrhunderts werden diese Veränderungen und Revolutionen hauptsächlich durch biologische und medizinische Forschung bewirkt. Wer kennt nicht die Zukunftsvision über die Organtransplantation? Nach und nach könnten beim Menschen die älter werdenden Organe und Körperteile ersetzt werden, teils durch künstliche, teils durch natürliche Organe, teils durch Primatenorgane, mit Ausnahme des potentiell unsterblichen Hirns. Nach dieser Vorstellung würde die Personalität, die ihren Sitz im Gehirn mit der Fähigkeit zum Denken, Assoziieren und mit dem Gedächtnis hat, erhalten werden. Zum Beispiel könnte ein solcher Mensch noch durchaus ein sehr wichtiges Amt inne haben, besonders deshalb, weil er Erfahrungen besitzt, die über eine Generation hinausgehen — natürlich wäre solch ein Politiker nicht sehr telegen. In einem weiteren Schritt dieser Zukunftsvision könnten die Menschen schließlich ganz ohne natürliche Organe auskommen, dadurch daß das Gehirn mit künstlichen Nährlösungen, Sauerstoff und Hormonen durchspült wird, indem die Adern und Nervenausgänge mit Schläuchen bzw. Elektroden versehen sind. In einer neuen Art von Ahnengalerie könnten dann die Menschen ihre unsterblichen Vorfahren auf Versorgungssäulen besuchen, mit ihnen über alte Zeiten reden und ihnen die neuesten Nachrichten der Gegenwart vorprojizieren, alles dies unter der Annahme, daß es dann noch Vorfahren gibt, denn zu dieser Zeit wird vielleicht die natürliche Fortpflanzung und Elternschaft durch objektivere und weniger persönliche Verfahren ersetzt sein.

Solche ‚science fiction stories' sind, obwohl sie einen Kern von Wahrheit enthalten können, eher geeignet, die Macht und Bedeutung der biologischen Forschung zu verharmlosen, da sie die Aufmerksamkeit unserer Zeit auf künftige Entwicklungen lenken, wo wir doch schon lange mitten darin sind, die Anwendung der biologischen Forschung in unsere Gegenwart zu übertragen.

Im 19. Jahrhundert, als die erste größere Nahrungsmittelkatastrophe der modernen Zeit Europa wegen der wachsenden Bevölkerung bedrohte, erfand J. v. LIEBIG die künstliche Düngung auf Grund von biochemischen Experimenten. Zu jener Zeit war die Unterernährung eine tatsächliche Gefahr für Europa, aus der unter anderem auch die Malthusianischen Ideen der Geburtenbeschränkung entstanden. Die atemberaubenden Fortschritte der Medizin sind das Resultat einer biologisch-wissenschaftlichen Auffassung von Medizin. Die biochemische Erforschung der Stoffwechselprozesse und ihrer pathologischen Veränderungen hatte die Therapie der Diabetes und der pernitiösen Anaemie zur Folge. Die Forschung über die Säuglingsernährung senkte die Säuglingssterblichkeit drastisch. Die Auffindung der Struktur und der Wirkungsweise der Sexualhormone durch Chemiker und Biochemiker führte schließlich zu der hormonalen Empfängnisverhütung. Die Entdeckung der Blutgruppen ermöglichte erfolgreiche Bluttransfusionen und die Aufklärung der Immunreaktionen wird vielleicht eines Tages beliebige Organtransplantationen ermöglichen. Obwohl biologische Forschung keine Atomexplosion gezeigt hat, so finden wir uns doch inmitten einer Bevölkerungsexplosion, die unmittelbar eine Folge der biologischen Forschung ist und vielleicht ebenso weitreichende Folgen haben kann wie die Atomexplosion.

Die Entwicklungen auf dem Gebiete der Biologie sind aber noch keineswegs abgeschlossen, sondern gerade gegenwärtig in einer besonders raschen Entwicklungsphase. Nachdem bakterielle und Virusinfektionskrankheiten weitgehend besiegt sind, wendet sich die medizinische Forschung der Bekämpfung der Kreislaufkrankheiten und des Krebses zu. Die molekularbiologische Forschung richtet sich auf das mechanistische Verständnis der Zellvorgänge und ihrer Regulation, denn Krebs ist unreguliertes Zellwachstum. Die Lebenserwartung wird durch die Forschung der Gerontologie weiter steigen, durch Hormone und andere noch unbekannte medizinische Möglichkeiten wird es gelingen, den physischen Alterungsprozeß weiter hinauszuschieben. Wird das für das psychische Altern in gleicher Weise möglich sein? Wie lange kann der Mensch leben? Darf man das unter volkswirtschaftlichen Gesichtspunkten regulieren? Selbst der Begriff des Todes steht zur Diskussion. Wie lange soll ein Mensch am Leben erhalten werden, wenn seine physiologischen Funktionen prinzipiell beliebig lange erhalten werden können, falls man entsprechende Vorrichtungen anwendet (Herz-Lungen-Nieren-Maschine)? Wenn Organverpflanzungen beliebig möglich werden, wird ein hoher Bedarf an künstlichen Organen auftreten. Wann darf man einen Toten „ausschlachten"? Werden Genmanipulationen möglich sein? Der Mechanismus der Speicherung und des Abrufens genetischer Information ist inzwischen vollständig bekannt. Eingriffe in diesen Mechanismus sind jedoch noch zu kompliziert, um praktikabel zu sein. Die Manipulation an einem Gen hat aber ungleich größere Auswirkungen als die Manipulation an einem einzelnen Organismus oder einer Person, denn Genmanipulationen werden ja fortgepflanzt und sind nach wenigen Generationen eine unverlierbare und nicht mehr abstoßbare Qualität der Menschheit. Wahrscheinlich wird es in nicht allzu ferner Zukunft möglich sein, das Geschlecht eines zu zeugenden Menschen vorherzubestimmen. Wird dann das Verhältnis zwischen Mädchen und Jungen noch ungefähr 1:1 betragen? Hirnforschung versucht das Zentralnervensystem zu verstehen und zu beeinflussen. Psychopharmaka, Drogen und gezielte Operationen können in die Psyche des Menschen eingreifen.

Der Katalog der aufgezählten Möglichkeiten ist sicher nicht

vollständig, und er ist im Prinzip auch nicht neu, denn die Menschheit manipuliert sich in ihrer ganzen Kulturgeschichte. Nur hat die Zunahme von Quantität offenbar eine neue Qualität hervorgebracht. In einem Rückkopplungsprozeß steht der Mensch, der auszog, sich zu befreien, plötzlich vor neuen Zwängen und vor nicht umkehrbaren Entwicklungen. Nicht er bestimmt auf einmal die Verhältnisse, sondern sie formen und bestimmen ihn.

Neue Askese als Ausweg

Kann Fortschritt so weitergehen? Zu Beginn dieses Jahrhunderts hat HENRY ADAMS das dynamische Verhalten des Fortschritts in der Wirtschaft, in der wissenschaftlichen Forschung, im Wohlstand und in allen anderen Lebensbereichen studiert und das sogenannte Akzelerationsgesetz aufgestellt. ADAMS stellte fest, daß die Erzeugung von Energie im 19. Jahrhundert, damals hauptsächlich aus Kohle, sich alle zehn Jahre verdoppelte. Vom Jahre 1500 bis zum Jahre 1800 lag diese Verdoppelungszeit bei 25—50 Jahren. Daraus kann man auf die Zukunft extrapolieren, und ADAMS sagte, daß ein Amerikaner im Jahre 2000 auf die vergangenen Zeiten so zurückschauen würde, als würde für ihn das 19. Jahrhundert fast auf derselben Stufe stehen wie das 4. Jahrhundert, und daß ein solcher Mensch des Jahres 2000 sich fragen müßte, wie man in diesen Zeiten mit so geringen Kenntnissen und so wenig Energie doch immerhin hat so viel tun können. Es gibt solche Akzelerationserscheinungen, die durch positive Rückkopplung entstehen, in allen Zweigen der Naturwissenschaft.

Fortschritt ist an definierte materielle Voraussetzungen gebunden. Die positive Rückkopplung des Fortschrittes enthält aber gleichzeitig ein Element des Abklingens. Wann immer irgendwo eine Grenze des Fortschrittes ist — und es muß eine Grenze sein — dann nähern wir uns dieser Grenze mit exponentieller Geschwindigkeit, d.h. immer rascher, je näher wir an diese Grenze kommen. Das wird für einige typische Parameter leicht ersichtlich. Die Weltbevölkerung kann nicht unkontrolliert weiterwachsen. Der Energieverbrauch muß irgendwo ein Maximum haben, schon allein wegen der damit verbundenen Abwärme. Das Pro-Kopf-Einkommen muß irgendwo eine obere Grenze haben, denn nicht jeder kann alles besitzen. Man kann das leicht graphisch darstellen. Wenn wir den Energieverbrauch der heutigen Menschheit gleich 1 setzen, dann betrug er im Jahre 1000 v. Chr. $1/100\,000$ unseres heutigen Wertes. Wenn man annimmt, daß der Energieverbrauch vielleicht noch auf das 1000fache des heutigen Wertes wachsen könnte (wahrscheinlich ist diese Zahl schon zu hoch gegriffen), dann würde dieser Wert im Jahre 2160 erreicht werden. Die Folgerung daraus ist unvermeidlich: die beschleunigte Kinetik des Fortschrittes zeigt, daß Wachstum nicht ein immerwährendes Attribut der menschlichen Geschichte sein kann. Eine andere Berechnung: die Zunahme der Zahl derjenigen, die an wissenschaftlicher Forschung beteiligt sind, geht so viel rascher vonstatten wie die des Wachstums der Bevölkerung, so daß im Jahre 2050 jeder ein Wissenschaftler sein würde. Dieser Schluß ist natürlich falsch, aber er zeigt, daß sich der Fortschritt verlangsamen muß.

Ich möchte diese Frage auch noch von einem psychologischen Standpunkt aus beleuchten. Die Psyche des modernen Menschen befindet sich in einem Verwandlungsprozeß. Die Einstellung gegenüber erotischen Fragen und Fragen unseres Verhaltens haben sich, nicht zuletzt durch biologische Forschung, gewandelt. Seit FREUD wissen wir, welche Wichtigkeit die Struktur des Eros für unsere Gesellschaft hat. HERBERT MARCUSE hat das in seinem Buch „Triebstruktur und Gesellschaft" gezeigt. Das Leistungsprinzip, welches die Grundlage des Fortschrittes ist, wird heute weithin in Frage gestellt. Aber Fortschritt entsteht ja nicht allein aus dem Bestreben des Menschen, sich einen höheren Lebensstandard zu erarbeiten. Er ist ein Teil des dem Menschen angeborenen Triebes, die Welt und Umwelt zu gestalten, kreativ zu sein. Man kann und darf dem Menschen den angeborenen Drang zur Kreativität nicht nehmen. Man muß diese Fähigkeiten vielmehr umlenken.

Wenn die Hypothese richtig ist, daß der Fortschritt irgendwann einmal zu Ende gehen muß, und alles spricht dafür, daß dies nicht mehr allzu lange dauert, so könnte sich vielleicht von selbst ein Stillstand einstellen: der Lebensstandard ist so gewachsen, daß jedermann zufrieden ist, genug hat, gesund ist. Nach Hippie-Art strebt keiner mehr weitere Verbesserungen an. Die Motivation zu weiterer Forschung, zu medizinischer und technischer Entwicklung fehlt. Das goldene Zeitalter beginnt.

Dies ist aber eine irreale Utopie. Unser gesamtes Denk- und Wirtschaftssystem ist auf Fortschritt eingestellt. Eine Volkswirtschaft ohne Zuwachsraten gerät in die Wirtschaftskatastrophe (zum Beispiel kann sie keine dynamischen Renten mehr zahlen). Stagnation ist gleichbedeutend mit Rezession, denn Fortschritt ist das Wettkampfprinzip des faustischen Menschen. Das Ende des Fortschritts kann nur herbeigeführt werden, wenn alle Menschen und politischen Gruppierungen gemeinsam und gleichzeitig beschließen, daß sie nun genug haben. Dieser „contrat social" höherer Ordnung müßte ein ganz allgemeiner Non-Proliferations-Vertrag sein, der sich eben nicht nur auf Atombomben, sondern auch auf Energieerzeugung, Bevölkerungswachstum, medizinische Forschung und Abfallproduktion erstreckt.

Biologische und medizinische Forschung hat tatsächlich die Zwangsläufigkeit der Evolution beseitigt. Der Mangel ist jedoch nicht geringer geworden. Er hat sich nur verlagert und umgeschichtet, denn das Ende der exponentiellen Wachstumsphase ist eine Mangelsituation höherer Ordnung. Unsere Gesellschaft leitet ihr Glücks- und Zufriedenheitsgefühl nicht aus der absoluten Höhe des Wohlstandes, der Gesundheit oder der persönlichen Sicherheit ab, sondern aus der Zuwachsrate dieser Größen, mathematisch ausgedrückt aus ihrer ersten Ableitung.

Wie kann man diesen gefährlichen und menschheitsbedrohenden Zustand aufheben? Auf der Suche nach dem Goldenen Zeitalter stehen wir vor der Gefahr eines völligen Chaos. Der Ausweg ist: wir betreten das geplante Zeitalter, denn Zukunftsplanung ist ein Weg, die Verantwortung für den Fortschritt in einer integrierten Gesellschaft zu tragen. Die Zukunft hat schon begonnen, und wir gestalten sie, ob wir wollen oder nicht; aber im Unterschied zu früheren Epochen sind wir Träger des Produktionsprozesses, dessen Produkt wir selbst sind. „Seit der Mensch unwiderrufbar zum Bürger einer von ihm selbst produzierten Welt geworden ist, seit er die Macht besitzt, nicht nur tote Waren, sondern seine eigene Welt, seine Lebensbedingungen und damit weithin sein eigenes Schicksal zu produzieren, seit er sich selbst als einem Produkt begegnet, ist seine Zukunft eine andere geworden. Die Zukunft der technischen Welt unterscheidet sich qualitativ von allem, was frühere Epochen Zukunft nannten. Dies können wir wissen, mag auch sonst unser Wissen von der Zukunft noch so problematisch sein" (GEORG PICHT). Wenn diese Welt eine menschenwürdige Welt sein und bleiben soll, in der Freiheit und Vernunft regieren — und in einer Art Rückkopplung ist eine technische Welt mit schöpferischen Kräften ohne Freiheit und Vernunft nicht denkbar —, dann müssen wir die Produktion dieser künftigen Welt entwerfen und planen in einer Weise, daß sie dem Menschen humanen Raum läßt. Aber was ist humaner Raum?

Planung hat eine technisch-wissenschaftliche Seite. Eine technisch-wissenschaftlich einwandfreie Bestandsanalyse muß durchgeführt werden. Alle für die Planung notwendigen Fakten sind zusammenzutragen, wissenschaftlich durchzuarbeiten und für die einzelnen Teilfragen Alternativvorschläge vorzulegen. Dabei ergibt sich entsprechend den jetzt bestehenden enormen materiellen Möglichkeiten in jeder Situation eine Vielzahl von Planungsvorschlägen. Wir leben nicht nur in einer materiellen Überflußgesellschaft, sondern auch in einer Gesellschaft mit einem Überfluß an Potenzen, die jeweils weitere Entwicklungen einleiten. Nachdem der materielle Fortschritt in der Überflußgesellschaft den Mangel und die damit verbundene „Askese"-Haltung zu überwinden beginnt, zeigt sich, daß eine „Neue Askese der Potenzen der Menschheit" geboten ist. Dies ist eine Aufgabe, die weit über das Wissenschaftlich-Technische hinausgeht, eine Aufgabe, die ein Menschenbild voraussetzt, auf welches hin der Mensch sich selbst entwirft. Noch nie hat die Menschheit vor einer solchen Situation gestanden: die Befreiung von Mangel, von Repression, und gleichzeitig erscheint am Horizont ein Mangel, eine Repression höherer Ordnung. Aber auch das menschliche Bewußtsein ist gewachsen. Man kann für die Überwindung dieser Situation etwas Analoges sagen — oder besser hoffen —, wie es HERBERT MARCUSE für die Triebbefreiung auf der Höhe der Zivilisation für möglich hält: „... es wäre noch immer eine Umkehrung des Zivilisationsprozesses, ein Umsturz der Kultur — aber nachdem diese ihr Werk verrichtet und eine Menschheit und eine Welt hervorgebracht hat, die frei sein könnte. ... Unter diesen Bedingungen ist die Möglichkeit einer repressionslosen Kultur nicht auf den Stillstand des Fortschritts gegründet, sondern auf seine Befreiung —, so daß der Mensch sein Leben im Einklang mit seinem vollentwickelten Wissen ordnen würde, so, daß er wieder fragen würde, was gut und was böse ist. Wenn die in der kulturellen Herrschaft des Menschen über den Menschen angehäufte Schuld je durch Freiheit eingelöst werden kann, dann muß die „Ursünde" noch einmal begangen werden. ‚Wir müssen wieder vom Baum der Erkenntnis essen, um in den Stand der Unschuld zurückzufallen' (HEINRICH V. KLEIST, über das Marionettentheater)".

Mangel ist in der langen biologischen Geschichte der Menschheit das Normale, ja geradezu die Triebkraft des Lebendigen. Die Beseitigung des Mangels ruft schwerste, wahrscheinlich fatale Störungen hervor, wenn sie nicht von entsprechenden Einsichten begleitet ist, die wir in Form der Askese, des freiwilligen Verzichtes, kennen. Die Planungspotenzen zeigen uns die Notwendigkeit einer neuen Askese. Die technisch-wissenschaftlich auf eine humane Zukunft gerichtete Planungsarbeit ist eine Aufgabe, zu der die Wissenschaft das Material liefert, die aber nicht von der Wissenschaft gemacht, jedenfalls nicht entschieden wird. Der Mensch transzendiert seine Horizonte im Denken auf die Zukunft.

Können wir unsere technologische Zukunft bewältigen? Und ich möchte erweitert fragen: Können wir dabei ‚Menschen' bleiben, das Humanum bewahren? Gibt es einen Ausweg? Sicherlich gibt es keinen Weg zurück, sondern nur die kühl geplante Flucht nach vorne, in der Hoffnung, daß die Menschen vernünftig sind, in der Hoffnung, daß sie die Gefährdung ihrer Situation insgesamt einsehen und durch Einsicht ihr Bewußtsein ändern, in der Hoffnung, daß sie das Bewußtsein des gefräßigen Steinzeitmenschen und Verbrauchers, des starken Jägers und Helden, des bäuerlichen Patriarchen und Stammtischpolitikers hinter sich lassen, in der Hoffnung, daß sie das dem technischen Zeitalter einzig adäquate Bewußtsein entwickeln, das der planerischen Vorausschau, der Neuen Askese. Ich habe keine Patentlösungen zu bieten, nur Hoffnungen.

Nur? Hoffnung gepaart mit Einsicht und Intelligenz kann vieles, ich glaube, alles bewirken.

Der „Neue Mensch"

Vor der Menschheit stehen ungeheure, bisher ungekannte Aufgaben, die in den nächsten Generationen bewältigt werden müssen. Wie muß der Mensch organisiert sein, wie muß er sich verhalten, welche moralischen Prinzipien haben, um diese Aufgaben zu bewältigen? Sicherlich besteht ein Zusammenhang zwischen den Gegebenheiten unserer technischen Welt und der geistigen Situation des Menschen in dieser Welt. Der Mensch versucht, sich der rasch sich verändernden Umwelt anzupassen — er ist das Produkt der technisch-ökonomischen Verhältnisse, um diese marxistische Redeweise zu gebrauchen. Aber heute haben sich die technischen Verhältnisse so rasend geändert, daß der Mensch in vielem einfach nicht mehr mitkommt. Die Probleme werden besonders deutlich an einem rasch sich entwickelnden Land wie Israel, in dem Einwanderer aus hochzivilisierten Ländern und Entwicklungsländern zusammentreffen. Professor AHARON KATZIR-KATCHALSKY *war deshalb in besonderem Maße berufen, über diese Fragen zu sprechen. Was wird die Wissenschaft uns bringen? Verschlingen wir die Wohltaten der Wissenschaft nur gierig, oder sind wir in der Lage, sie zu verdauen?*

Es gibt hier eine pessimistische und eine optimistische Antwort. Die pessimistische: der Mensch ist nun einmal so wie er ist. Er hat sein unveränderliches Instinktmuster aus der Steinzeit geerbt mit allen Aggressionen, Egoismen, seinem Machtstreben bei gleichzeitig engstem geistigen Horizont. Dann wird es zur Katastrophe kommen. Der Optimismus: die Menschen sind zwar körperlich und auch mit gewissen Instinkten festgelegt. Ihre geistige Struktur befähigt sie jedoch, über sich selbst hinauszuwachsen, mit angeborenen, in die heutige Zeit nicht mehr passenden Instinkten fertig zu werden, „den alten Adam in uns zu ersäufen".

Es gibt in der Geschichte und der Psychologie Beispiele dafür, daß Menschen neue geistige und Bewußtseins-Qualitäten hinzulernen können, die ein besseres Zusammenleben ermöglichen. Die Naturwissenschaften selber leisten hierzu einen Beitrag dadurch, daß sie den Menschen Objektivität lehren. Das Realitätsprinzip, das Akzeptieren der Gegebenheiten, die Autorität des Experimentes sind Grundvoraussetzungen für eine abstrahierende, nichtegoistische, in größeren menschlichen und politischen Zusammenhängen denkende Einstellung.

Ein solcher zu fordernder objektiver moralischer Pragmatismus kann nur zustandekommen, wenn Forscher und Politiker, Wissenschaft und Gesellschaft sich verstehen, eine gemeinsame Sprache sprechen. Dann mag es gelingen — und vielleicht ist das Optimismus, vielleicht aber auch das „Prinzip Hoffnung" —, die Menschheit in ein neues Zeitalter hinüberzuführen.

Gedanken eines Forschers über das menschliche Wertsystem

AHARON KATZIR-KATCHALSKY

Für den Forscher ist es leicht, über das eigene Arbeitsgebiet zu schreiben, denn er kann darauf vertrauen, das, worüber er sich äußert, zu kennen. Aber wenn er das Gebiet seiner eigenen wissenschaftlichen Tätigkeit überschreitet und allgemeine menschliche Probleme diskutiert, befindet er sich in der Rolle des Dilettanten.

Im besonderen hatte ich Schwierigkeiten, mich zu entscheiden, was ein Israeli zu der angeschnittenen Thematik beitragen sollte. Israel steht nicht im Zentrum von aufregenden naturwissenschaftlichen Entwicklungen. Die sozialen Probleme, die sich aus der technologischen Entwicklung ergeben, haben keinen so klaren Einfluß auf Israel wie auf andere Länder.

Die Berechtigung mich hier zu äußern leite ich daraus ab, daß Israel einen raschen Prozeß des wirtschaftlichen Wachstums durchmacht und daß viele Probleme unserer Zeit an dem Modell Israel studiert werden können. In den ersten 23 Jahren der Existenz des Staates ist der Bestand an wissenschaftlichem Personal um den Faktor 10 gewachsen, während die übrige Bevölkerung nur um den Faktor 4 gewachsen ist. Der Prozeß der Verwissenschaftlichung nimmt so rasch zu, daß es nach den früher erwähnten Berechnungen (s. S. 27) in 100 Jahren in Israel mehr Wissenschaftler gäbe als seine gesamte Bevölkerungszahl beträgt.

Der Einfluß der Naturwissenschaften auf Israel hat eine Anzahl von menschlichen Problemen zum Vorschein gebracht, die nicht einfach dadurch gelöst werden können, daß unsere Wissenschaft den Standard der Industrie verbessert und dadurch den allgemeinen Lebensstandard hebt. Zum Beispiel besteht etwa die Hälfte der Bevölkerung aus Emigranten aus Entwicklungsländern, für die die Wissenschaft eine fremde Sprache spricht. Im allgemeinen ist ihr Einkommen zwar recht gut, und sie können sich nicht darüber beklagen, daß sie wirtschaftlich in untergeordneter Lage wären. Die bloße Tatsache aber, daß das Land mehr und mehr wissenschaftlich wird, erzeugt in diesen Menschen ein Gefühl tiefer Frustration. Sie stellen fest, daß sie nicht mitkommen, weil die Wissenschaften eine Sprache sprechen, die sie nicht verstehen und die trotz ihres internationalen Charakters eine westliche Sprache ist. Mit all unseren Anstrengungen haben wir keinen Weg gefunden, Wissenschaft in eine Universalsprache zu übersetzen, so daß sie ohne zerstörende Nebenwirkungen in diejenigen Kulturen inkorporiert werden könnte, die mit der westlichen nichts gemein haben.

Es gibt noch einen weiteren zerstörerischen Aspekt des Wachstums der Wissenschaften in Israel. Die Gründungsgruppe des Staates Israel und das Rückgrat seiner frühen Entwicklung war eine Pionierbewegung, eine puritanische Bewegung, die auf dem recht naiven Tolstoischen Sozialismus beruht, dessen Wertsystem einen starken Einfluß des klassischen Judentums zeigt. Die Verwissenschaftlichung von Israel prägt dieser Pionierbewegung mit all ihren Verzweigungen eine neue Betrachtungsweise und einen bisher unbekannten Skeptizismus über die Bedeutung unseres Lebens auf. Wie zu erwarten, ist die erste Wirkung eine Verfallserscheinung, die eines der lebenswichtigen Elemente der Nation bedroht. An diesem Beispiel erkennen wir, daß die berühmte Neutralität der Naturwissenschaften nur neutral ist in der Einstellung, nicht aber in den Konsequenzen.

Die „Neutralität" der Wissenschaft erinnert mich immer an den Witz über den Rabbi, der zu Gericht zu sitzen hatte. Eine Partei näherte sich ihm, argumentierte lange, überzeugte ihn, so daß er schließlich erklärte: „Ihr habt recht ...". Da sprang die andere Partei auf und schrie: „Was meinst du damit, daß er recht hat. Ich habe so gewichtige Argumente ...", und dann brachte er diese Argumente vor und überzeugte den Rabbi ebenfalls, der darauf feststellte: „Ihr habt auch recht ...". Die Frau des Rabbi machte ihm später Vorwürfe: „Das ist Unsinn! Wie kannst du sagen, daß beide Parteien recht haben?". Der Rabbi dachte lange nach, sah seine Frau an und machte dann die Feststellung: „Tatsächlich, du hast auch recht ...". Das ist die Art von Neutralität, die wir von der Wissenschaft erwarten, aber es ist sehr schwierig, sie in die Tat umzusetzen, denn schließlich muß man doch herausbekommen, wer recht hat. Dieses Vermeiden von eindeutigen imperativen Antworten außerhalb ihres eigenen Geltungsbereiches ist es, was die Naturwissenschaften in eine so demoralisierende Macht verwandelt.

Nach der Atombombe hatten die Atomphysiker ein schlechtes Gewissen. Das änderte zwar nicht viel, aber als eine Folge davon wandten sich viele von ihnen den friedlicheren Gebieten der Biophysik und der Molekularbiologie zu. Heute stehen die Molekularbiologen allerdings einer ganz ähnlichen Situation gegenüber, wie die Atomphysiker eine Generation zuvor, aber noch ist es Zeit nachzudenken und zu planen. Einige typische Beispiele sollen klarmachen, wie die Molekularbiologie, die Gehirnforschung oder andere Schwerpunkte biologischer Forschung schwerwiegende moralische Fragen aufwerfen, die auf ethische Weise gelöst werden müssen.

Ich möchte mit einem relativ einfachen Beispiel beginnen. Es ist bekannt, daß der weibliche Organismus des Menschen zwei große X-Chromosomen hat, während der männliche Organismus ein großes X-Chromosom und ein kleines, schwächeres Y-Chromosom besitzt. Aber man hat entdeckt, daß es einige abnorme Fälle gibt, in denen die Männer X-Y-Y-Chromosomen haben, und, darüber hinaus, daß es eine starke Korrelation zwischen Kriminalität und X-Y-Y-Vorkommen gibt. Diese Korrelation ist nicht vollständig, aber ein hoher Prozentsatz aller Männer, die X-Y-Y-Chromosomen tragen, besitzen eine starke kriminelle Veranlagung.

Die daraus folgende ethische Frage ist klar: Sollte ein Mann, der kein Verbrechen begangen hat, aber eine X-Y-Y-Struktur besitzt, eingesperrt werden, oder sollte er frei herumlaufen, bis er schließlich ein Verbrechen begeht? Eine der Grundlagen aller demokratischen Gesellschaften besteht darin, daß ein Mensch nicht bestraft werden kann, bis er schuldig gesprochen wird. Auch der Träger der X-Y-Y-Chromosomen muß natürlich in Freiheit gelassen werden, aber wenn wir das tun, schaffen wir die Bedingungen für ein unter Umständen schreckliches Verbrechen.

Wenden wir unsere Aufmerksamkeit einem vielleicht noch schwierigeren Problem zu. Die Genetik hat einen Punkt erreicht, an dem man voraussehen kann, daß in der nahen Zukunft die Kontrolle von menschlichen Genen möglich sein wird und daß man das „genetic engeenering" praktizieren kann. Es ist bekannt, daß H. G. KHORANA ein komplettes Gen einer niederen Pflanze erfolgreich synthetisiert hat, und im Prinzip könnte man genauso Gene der Spezies Mensch beherrschen, verändern, herausnehmen oder einsetzen.

Angenommen, wir würden in der Lage sein, Gene zu kontrollieren. Wir wären dann fähig, Erbkrankheiten an der Wurzel anzugreifen und die nächste Generation erbmäßig gesünder zu machen als ihre Eltern. Aber das wirft die Möglichkeit auf, der Menschheit Mittel in die Hand zu geben, Gene insgesamt zu kontrollieren, einzugreifen in die natürlichen Prozesse des Lebens und der freien Gestaltung der menschlichen Gesellschaft, ohne aber gleichzeitig den Regierenden eine geeignete ethische Richtschnur in die Hand zu geben.

Ich möchte noch ein weiteres Beispiel geben: Vor kurzem ist die Übertragung von Kernen reifer Zellen in unbefruchtete Eier erfolgreich durchgeführt worden. Man kann den Zellkern einer Maus herausnehmen und in ein unbefruchtetes Ei einpflanzen, dessen eigener Zellkern zuvor durch Bestrahlung zerstört worden war. Der übertragene Kern wächst und teilt sich innerhalb des Eies, wobei sich ein exaktes Abbild des Individuums, von dem der Kern genommen wurde, entwickelt, sozusagen ein eineiiger Zwilling der ursprünglichen Maus. Das gestattet nun die Massenproduktion eines einzigen Individuums.

Falls diese Technik auf den Menschen anwendbar wird, könnte ein verrückter Diktator, der bestimmte militärische Vorstellungen hat, eine Armee von exakten Kopien desselben „brauchbaren" Typs herstellen lassen. Dies ist nicht bloße Zukunftsphantasie, obgleich die Verwirklichung dieser Vorstellung noch sehr weit vor uns liegen dürfte. Das ethische Problem ergibt sich nun daraus, ob wir jede dieser Entdeckungen der Gesellschaft offen darlegen sollen oder ob die Wissenschaftler ihre Resultate lieber geheimhalten sollten.

Ein weiteres Beispiel ist schließlich die Kontrolle des menschlichen Gehirns. Durch Einführen von Elektroden in die Region des Hypothalamus kann man bestimmte Zellen anregen und einen Zustand höchster Glückseligkeit künstlich hervorrufen. Nach einer Formulierung des *Time Magazine* hatte eine Versuchsperson bei einem solchen Experiment „supersexuelle Befriedigung".

Man kann Menschen auch durch andere technische Mittel glücklich machen. So hat vor einiger Zeit ein Forscher in den Vereinigten Staaten gefunden, daß man durch Konditionieren des Hirnrhythmus ohne Einsetzen von Elektroden einen Zustand von Euphorie hervorrufen kann. Wenn diese Resultate eine verbreitete Anwendung finden, dann können wir leicht einige Konsequenzen davon voraussehen, zum Beispiel daß der Mensch in ein Narrenparadies versetzt wird, in welchem er alles, was ihm immer angetan wird, ohne Kritik akzeptiert.

Eine andere Gruppe von herausfordernden Problemen, die uns die Wirkung der Wissenschaften klar vor Augen führt, ist die folgende: Wir alle sind das Produkt einer gewissen Einstellung gegenüber unserer Umgebung. Wir gehören zu einer Familie, wir sind Bürger einer Stadt und Mitglieder einer Nation, aber im allgemeinen kann man sagen, daß unser Zugehörigkeitsgefühl zur „Menschheit" oder unsere internationalen Beziehungen recht schwach ausgebildet sind. Die gegenwärtige Entwicklung der Naturwissenschaften fordert mit Nachdruck, daß gute internationale Beziehungen für das Überleben der Menschheit unabdingbar sind.

Ich möchte das ausführlicher erklären. Für viele Jahrhunderte, vielleicht für Jahrtausende hat der Mensch den Erdball als ein offenes System betrachtet, das heißt, was immer er tat, die Konsequenzen davon wurden aufgenommen durch „ein unendliches Reservoir von Umgebung", das nicht davon betroffen wurde. Die neuen technologischen Entwicklungen, die auf den Naturwissenschaften basieren, haben aber die Welt schon in ein geschlossenes System verwandelt: was in einem Lande getan wird, beeinflußt die Umwelt und wird in anderen Ländern fühlbar.

Die Beendigung der Umweltverschmutzung ist nicht nur ein technisches Problem, sondern bedingt eine neue Einstellung gegenüber dem Erdball, eine Einstellung gegenüber einem endlichen, geschlossenen System. Die Menschen sind dazu verurteilt, den Weg zu einer neuen Moral zu finden, nicht nur auf dem individuellen Niveau, wie es die molekulare Genetik oder die Hirnforschung fordert, sondern auch auf einem internationalen Niveau, wie es die Endlichkeit des Systems Erde erfordert.

Vor vielen Jahren studierte JEAN PIAGET die Frage unserer Anschauung von der territorialen Umwelt und machte die folgende nette Beobachtung. Er fragte acht Jahre alte Kinder aus Genf, was die Beziehung zwischen Genf und der Schweiz sei. Sie zeichneten im allgemeinen zwei Kreise — einen Kreis für Genf und einen anderen für die Schweiz und machten klar, daß sie, wenn sie zur Schweiz gehören, sie nicht zu Genf gehören und umgekehrt. Im Alter von etwa zehn Jahren begannen die Kinder größere Kreise für die Schweiz zu zeichnen und darin einen kleinen Kreis für Genf. Das zeigt einen Übergang vom territorialen Zugehörigkeitsgefühl zu der eigenen Stadt auf eine Internationalisierung der Zugehörigkeit zu dem Land, welches die lokale Umgebung erfaßt.

Das Problem, dem wir uns heute gegenübersehen, besteht darin, daß wir den Kreis erweitern müssen, um nicht nur unsere Länder einzuschließen, sondern die ganze Welt. Wir müssen uns als Weltbürger fühlen. Diese neue Moralität steht nicht im Widerspruch zu nationaler Zugehörigkeit, genauso wenig, wie die Zugehörigkeit zu einer Stadt nicht im Widerspruch zu der Zugehörigkeit zu einer Familie steht. Aber sie bedeutet, daß es Hierarchien der Zugehörigkeit gibt, die ein innerer integraler Teil unserer selbst sind. Wenn dieser Zustand der psychologischen Entwicklung erreicht werden könnte, dann wären wir in der Lage, uns mehr mit den Problemen des Erdballs oder der internationalen Beziehungen auseinanderzusetzen.

Weil unsere Generation das Problem der Einwirkungen von Naturwissenschaften auf die Gesellschaft bisher nicht bewältigen konnte, kann uns die jüngere Generation nicht verzeihen. Vor einiger Zeit erschien ein Buch, „The Making of the Counter-Culture", das die Haltung der jungen Leute gegenüber den Naturwissenschaften zusammenfaßt. Der Autor, THEODOR RUSZAK, klagt alle Wissenschaften der antimenschlichen Tätigkeiten an, denn durch ihre Einwirkung würden wir Fremdlinge unserer selbst und könnten unsere Existenz nicht mehr ertragen. Der große Soziologe DURKHEIM sagte vor vielen Jahren, daß man seit Tausenden von Jahren versucht habe, die Natur zu bewältigen, um ein besseres Leben zu haben;

aber als dann schließlich die Natur bewältigt war, verlor der Mensch das Interesse am Leben selbst. Das ist nun der jungen Generation widerfahren: Sie hat das dumpfe Empfinden, daß man sich zuallererst der natürlichen Neugierde entledigen sollte, die hinter aller Naturwissenschaft steht.

Es gibt kaum Zweifel, daß diese Wißbegierde des Naturwissenschaftlers tiefe biologische Wurzeln hat, denn Neugier wird in der gesamten tierischen Welt gefunden, bei Insekten, bei niederen Säugern und bei höheren Primaten. Es ist nur diese Neugier und nicht etwa ein materialistischer Faktor, der zur Entwicklung der Naturwissenschaften geführt hat.

Die junge Generation klagt jedoch die Naturwissenschaften an, zu einer Hypertrophie der Neugier zu führen. Der Wissenschaftler, behauptet sie, hat eine pathologische Wißbegier, die nur ihn selbst befriedigt, und für diese Befriedigung ist er bereit, das Leben der Menschheit zu opfern. Daher sieht sie die Rettung der Menschheit in einem Anti-Intellektualismus.

Diese Haltung ist nicht nur gefährlich, sondern sie ist auch selbstzerstörerisch, da es schließlich kein moralisches Verhalten und keine ethische Philosophie ohne Erkenntnis-Grundlagen gibt. Das ist schon in der Bibel in der Schöpfungsgeschichte klar ausgedrückt. Dort steht bekanntlich in wundervoll einfacher Sprache: Nur wenn der Mensch vom Baum der Erkenntnis gegessen habe, wenn er seine Erkenntnisprozesse entwickelt habe, „werdet ihr sein wie wir und wissen, was gut und böse ist". Mit anderen Worten: Um die Auswahl zwischen gut und böse treffen zu können, muß man Verstand haben; denn ohne Intellekt könne man zwischen den beiden Extremen nicht unterscheiden. Anti-Intellektualismus ist deshalb *a priori* antimoralisch und unsere Aufgabe besteht darin, herauszufinden, wie wir eine intellektuelle Haltung herbeiführen können, die moralisches Gewicht hat. Das ist ein Problem, das ich oft mit vielen jungen Leuten in Israel diskutiert habe und das sicherlich ein internationales Problem ist.

Seit vielen Jahren haben Naturwissenschaftler und Philosophen die Wissenschaften als eine Leitlinie zu neuen Wegen der menschlichen Existenz betrachtet. Als erstes erkannten die Physiker, daß die Grundlagen der Naturwissenschaften mit den Prinzipien der

Moral übereinstimmen müßten, obwohl doch die Gesetze der Physik menschliches Verhalten nicht direkt bestimmen. Es ist darauf hingewiesen worden, daß Naturwissenschaften den Menschen Objektivität lehren, daß sie zeigen, wie man korrekt und ehrlich Informationen über die reale Welt auswertet. Tatsächlich, die objektive, naturwissenschaftliche Haltung besitzt für uns eine hohe Bedeutung und kann die Grundlage eines persönlichen Reifungsprozesses darstellen.

FREUD erkannte richtig, daß eines der grundlegenden Prinzipien des menschlichen Reifungsprozesses das Akzeptieren des „Realitätsprinzips" ist, welches die Unterscheidung von Subjekt und Objekt ermöglicht. Es ist vielleicht bezeichnend, daß die Hippies in ihrem Kampf gegen die Wissenschaften das Freudsche Realitätsprinzip verleugnen. So sagt TIMOTHY LEARY, er gelange unter dem Einfluß von LSD in einen wundervollen Zustand, da der Unterschied zwischen Subjekt und Objekt verschwinde. Das bedeutet, daß LSD jenen infantilen Zustand hervorruft, in dem die Trennung zwischen subjektiver und objektiver Welt noch nicht existiert. Negation von Naturwissenschaften ist deshalb eine Verleugnung des Reifezustandes mit allen sozialen und moralischen Konsequenzen.

Es gibt einen weiteren wichtigen Aspekt, auf den die Naturphilosophen hingewiesen haben, nämlich, daß Naturwissenschaften ein im wesentlichen antiautoritäres System darstellen. Das kommt von der Tatsache, daß Naturwissenschaften nicht die Autorität des Menschen anerkennen, sondern sich auf Gesetze verlassen, auf das externe Urteil der Natur. So kann ein anerkannter Wissenschaftler von unbezweifelter Autorität eine wundervolle Lieblingstheorie haben; wenn aber ein Student ein erfolgreiches Experiment macht, das jener Theorie widerspricht, dann bekommt der Student recht und die ganze Autorität des Wissenschaftlers wiegt nichts dagegen.

Die höhere Autorität, die über alle menschliche Autorität hinausgeht — die des Experimentes, oder, metaphorisch, die Autorität der Natur — ist eine überpersonale Autorität, die den Wissenschaftlern Bescheidenheit lehren sollte und die Grundvoraussetzung für eine demokratische Lebensweise bilden könnte.

Bekanntlich ist die Bescheidenheit auch der Naturwissenschaftler nur allzu begrenzt, wie ich durch folgende Anekdote erhellen möchte: Ein berühmter Gelehrter lag auf dem Sterbebett, seine Studenten umstanden ihn und priesen seine Entdeckungen, seine Weisheit und sein Wissen. Da sahen sie, daß sich die Lippen des sterbenden Mannes mühsam bewegten. Sie beugten sich herab, um seine Abschiedsworte zu hören. Und das folgende vernahmen sie: „Ihr Lieben, Ihr habt mich eben so recht gelobt, aber Ihr habt eine ganz wichtige Sache vergessen — Ich bin bei alledem auch noch äußerst bescheiden! . . ."

Die Gedanken der Philosophen mögen intellektuell interessant und erhellend sein, aber bisher haben sie keinen praktischen Einfluß auf das menschliche Verhalten gehabt. Seit kurzem haben nun auch die Biologen begonnen, sich mit dem „Verhalten" zu beschäftigen. Viele Motivationen tierischen und menschlichen Verhaltens kann man biologisch erklären, und es liegt nahe, die Biologie zur Begründung ethischer Verhaltensweisen heranzuziehen.

Als ein Beispiel möchte ich das Studium der nichtverbalen Kommunikation erwähnen. Es gibt viele Kanäle der Kommunikation, eine der wichtigsten ist die Körperbewegung, die genetisch determiniert ist. So fand EIBL-EIBESFELD, daß die Bewegung von Kopf und Nacken heiratsfähiger Mädchen in der Gegenwart von Männern vollständig automatisch sind wie die ritualisierten Bewegungen von Vögeln oder Fischen, und daß diese Bewegungen allen menschlichen Rassen gemeinsam sind, unabhängig vom kulturellen Hintergrund. Nicht-verbale Kommunikation ist nicht nur ein wichtiger Kanal für die Fixierung menschlicher Beziehungen, sondern gibt uns einen interessanten Schlüssel zum Verständnis der biologischen Grundlagen menschlichen Verhaltens.

Und wirklich zeigen uns Verhaltensstudien, daß einige der zehn Gebote einen frühen biologischen Ursprung haben. Zum Beispiel ist das Tabu des Inzestes bereits bei den Schimpansen zu beobachten und das „Du sollst nicht töten" ist ein Gebot, das für alle höheren Tiere gilt und die Grundlage mancher ritualisierter Verhaltensweisen ist. Sogar die Elemente des persönlichen Mutes gibt es in der Natur. So bei allen sozialen Insekten; wenn der Gruppe Gefahr droht, opfert sich das Individuum zum Wohle des Staates. Wenn ein Zug von Ameisen oder Termiten durch Feuer gestört wird, so stürzen sich tausende in jenes Feuer, um es zu löschen und ihrem Volk die weitere Wanderung zu ermöglichen.

Wenn man das hübsche Beispiel des „Ameisen-Mutes" analysiert, bemerkt man sofort, daß es einen wesentlichen Unterschied zwischen Tier und Mensch gibt. Der „Ameisen-Held" hat keine Individualität, denn sein Verhalten wird ausschließlich durch die genetischen Gesetze bestimmt. Menschliche Moral beginnt an dem Punkte, wo die genetische Vorherbestimmung unvollständig ist und man eine Wahl zu treffen hat. Solange das Verhalten völlig determiniert ist, kann es nicht als ethisch bezeichnet werden.

Das Verhalten eines Individuums kann erst dann als ethisch bezeichnet werden, wenn es eine persönliche Absicht zum Überleben hat und wenn seine eigenen Interessen im Konflikt mit denen der Gesellschaft sind, es eine Wahl treffen und sich zwischen Recht und Unrecht entscheiden muß. Der Sprung vom vollständig determinierten zum freien Verhalten ist der Übergang vom rein biologischen zum kulturell bestimmten Verhalten, der Übergang vom Tier zum Mensch. Solange wir diesen Sprung nicht erkennen, haben wir es nicht mit dem menschlichen Bereich zu tun, sondern bleiben im Bereich der Biologie. Genau der Übergang von der biologischen zur kulturellen Entwicklung, von der Darwinschen Evolution zum kulturellen Fortschritt, macht uns zum Menschen und legt uns moralische Verantwortung auf.

Der wichtige Schluß aus diesen Beobachtungen ist folgender: Solange wir als Wissenschaftler nicht bereit sind, unsere Hände mit allgemein menschlichen Angelegenheiten zu beschmutzen, solange wir fortfahren, in isolierten Elfenbeintürmen zu sitzen und als *deus ex machina* gewichtige Feststellungen von uns zu geben, welche die molekularen oder physikalischen Gesetze, die biologische Prinzipien und das ethische Verhalten betreffen, solange werden wir keinen Einfluß haben und unsere Aussagen werden kein Gewicht besitzen. Ja, noch mehr, wir haben die Last der Verantwortung für die Konsequenzen unserer Taten zu übernehmen, die wir offenbar nicht mit Erfolg in ein angemessenes menschliches Leben integrieren konnten.

Es gibt keinen Zweifel: Es könnte auf lange Sicht viel mit unseren gegenwärtigen Kenntnissen getan werden. Zunächst auf dem

Gebiet der Erziehung. Dort sollten Wissenschaftler mit all denen zusammenarbeiten, die sich direkt mit menschlichem Verhalten beschäftigen, mit den Anthropologen, den Psychologen, den Soziologen, und sie sollten jenen ihre Hilfe bei der wissenschaftlichen Behandlung der Probleme der menschlichen Persönlichkeitsstruktur anbieten. So könnten auch in der neuen Entwicklung, die PIAGET eingeleitet hat, Naturwissenschaften und Psychologie enger zusammenarbeiten, um den Reifungsprozeß junger Menschen in den verschiedenen Kulturkreisen voranzutreiben.

PIAGET fand, daß während der geistigen Entwicklung des Menschen im Alter von 14—15 Jahren sich eine „Formalstruktur" entwickelt, daß bestimmte Konzepte eine Bedeutung erlangen und moralische Gesetze ihre Begründung finden. Genau diese Struktur muß in Kindern wachsen und sich ausbilden, denn ohne diese bleibt eine Person unreif. Der Reifungsprozeß des Menschen und seine Bereitschaft, soziale und ethische Verantwortung zu übernehmen, sind die wesentlichen Probleme der Erziehung.

Aber vielleicht noch wichtiger ist das folgende: Die formalen Persönlichkeitsstrukturen der jetzt lebenden Menschen sind offenbar ungeeignet, globale Probleme zu erfassen; deshalb muß ein Sprung getan werden von der gegenwärtigen Persönlichkeitsstruktur zu einer Struktur höherer Ordnung, die nach innen gerichtet ist. Ich möchte diese geistigen Strukturen „dissipative Strukturen des menschlichen Geistes" nennen. Dissipative Strukturen beruhen auf Prozessen, die durch ihre Wechselwirkung die Materie organisieren und in der Lage sind, von einem niederen Zustand der Organisation in einen höheren überzugehen.

Ich bin der Meinung, daß die Informationsflüsse des Geistes miteinander in Wechselwirkung treten und organisierte Strukturen bilden, die in der Lage sind, auf höhere Niveaus der Integration überzugehen. Die Studien von MASLOW in den Vereinigten Staaten zeigen, daß jeder Mensch diese höheren Grade von Reife erlangen kann und mit einer geeigneten Erziehung innere formale Strukturen einer verantwortlichen Persönlichkeit entwickeln kann. Ja, noch mehr, man konnte zeigen, daß Menschen, die ein hohes geistiges Niveau erreicht haben, im allgemeinen starke künstlerische Interessen haben und auch im moralischen Sinne am höchsten stehen.

Daraus folgt, daß der Reifungsprozeß der Persönlichkeit auf ein höheres Niveau zu einem neuen Menschentyp führt, der mit den Problemen der Gegenwart fertig werden kann.

Aber wir müssen rasch eine Lösung für die unmittelbaren Probleme finden, die nicht auf eine gereifte Menschheit warten können. Die Geschwindigkeit der Entwicklung wissenschaftlicher Prozesse ist rasch, und die technologischen Konsequenzen der Wissenschaften sind so dringend, daß wir es nicht der Nachwelt überlassen können, diese Probleme zu lösen.

Können Wissenschaftler da etwas tun? Ich glaube, wir können und sollten es. Wissenschaftliche Forschung ist in unseren Tagen eine enorme gesamtgesellschaftliche Aufgabe. Der Prozentsatz von jungen Menschen in den Industriestaaten, die eine Universitätsausbildung erhalten, ist sehr hoch. In den Vereinigten Staaten gibt es 7 Millionen Studenten in Universitäten oder vergleichbaren Einrichtungen; die Russen behaupten, daß 20 Millionen junger Menschen, das sind ca. 80 % aller Jugendlichen, eine Hochschulausbildung erhalten. Aber die Naturwissenschaften sind noch immer aufgebaut nach dem klassischen Muster von hierarchischen, meritokratischen Gesellschaften, die nicht in die Gegenwart passen, sie beruhen auf dem Prinzip der katholischen Kirche, mit Kardinälen, Bischöfen und Priesterweihen. Man glaubt immer noch, daß Naturwissenschaften das Privileg einer internationalen Elite seien.

Obwohl die Elfenbeinturm-Haltung weiter ihre Bedeutung für die Forschung behalten wird, so ist doch naturwissenschaftliche Ausbildung nicht länger eine Angelegenheit für die Elite, sondern eine große Gesellschaftsaufgabe. Daher müssen Moralität und ethische Prinzipien der Naturwissenschaften einen direkten Einfluß auf die moderne Gesellschaft haben. Es ist Aufgabe der Wissenschaftler, hier und jetzt sich selbst an die Nöte und Bedürfnisse der gegenwärtigen Menschheit anzupassen.

Die Naturwissenschaften werden nur dann überleben und der Menschheit helfen, in das „Gelobte Land" zu ziehen, wenn eine Gruppe von Wissenschaftlern mit Pioniergesinnung sich bilden wird, die uns zeigen kann, wie Naturwissenschaften humanisiert werden können, und die uns dazu verhelfen, die menschlichen Notwendigkeiten und die wissenschaftlichen Entwicklungen zusammenzufassen. Dieses gelobte Land der Weisheit war für viele Jahrhunderte der Traum von Humanisten, Philosophen und erleuchteten Wissenschaftlern, ein himmlisches Reich, das der große bengalische Dichter RABINDRANATH TAGORE folgendermaßen beschrieben hat:

„Wo der Geist ist furchtlos und die Häupter aufrecht und hoch,
Wo Wissen befreit ist und frei,
Wo die Welt noch nicht zerteilt ist in Fragmente enger
    Beschränkung,
Wo wieder quellen die Worte aus Wurzeln der Wahrheit,
Wo unermüdliche Arme sich strecken nach der Vollendung,
Wo der klare Strom der Vernunft nicht trocken versickert
    im Wüstensand der Gewöhnung,
Wo der Geist geführt wird durch Dich zu stetem Denken
    und Handeln,
In jenen Himmel von Freiheit, mein Vater, führ' DU unser Land."

Physik zwingt zu internationaler Zusammenarbeit

Die Physik ist in ihren geistigen Konzepten und in ihren praktischen Auswirkungen wohl die klarste der Naturwissenschaften. Von der Philosophie des Descartes und Bacon und den physikalischen Sätzen eines Newton führt ein historisch und geistig klar zu belegender Weg zur Atomtheorie und Kernenergie. Die Boylesche Wärmelehre, James Watt, der Frühkapitalismus und Adam Smith gehören ebenso zusammen wie der Maxwellsche Dämon, die Entwicklung der Elektrotechnik und die materialistische Philosophie.

In unserem pluralistischen Jahrhundert scheinen die Zusammenhänge weniger offen zu liegen. Sind Quantentheorie und theoretische Physik unserer Tage ein Ausdruck bestimmter Denkstrukturen? Feststehend sind aber die Zusammenhänge zwischen Physik und ihren Anwendungen. Die Bedeutung der Atomphysik für die Welt, den Weltfrieden und die Politik, aber auch für den Fortschritt und den Wohlstand der Menschheit steht außer Frage. Die großen Gefahren des „Atoms" haben die beiden Supermächte zu einer Einigung, zu einem Moratorium gezwungen und damit eine neue politische Ära eingeleitet, in der es vernünftigerweise keine großen Kriege mehr geben kann. Aber auch die friedlichen Projekte der Atomforschung haben ein so gigantisches Ausmaß angenommen, daß sie auf nationaler Basis nicht mehr bewältigt werden können. Die beiden großen Blöcke bedürfen der wissenschaftlichen Kontakte und des Austausches von Informationen. Auf diese Weise hat sich an den großen Zentren eine internationale Gemeinschaft von Physikern und Technikern zusammengefunden, die — mindestens für ihren Fachbereich — nationale Grenzen überwinden und für sinnlos halten. Die Europäische Gemeinschaft hat mit CERN eine solche Forschungsstätte, die in engem Austausch mit Forschungsorganisationen der USA und des Ostblocks steht.

Die hohen Anforderungen, die in diesem Forschungszweig an die Forscher gestellt werden, sind personell so selten zu erfüllen und gleichzeitig so sachlicher Natur, daß auf Nationalitäten, auf Länderproporz keine Rücksicht genommen werden kann. Hier bahnt sich ein neues supranationales Denken an, welches vielleicht beispielhaft für eine künftige Weltbürgerschaft, eine Weltregierung sein kann. — Forschung zwingt zur Internationalität.

Die Physik und das menschliche Denken und Handeln

Léon van Hove

Physik, so wie wir sie heute kennen, entstand im 17. Jahrhundert. Der große Gründer der ersten physikalischen Theorie ist Isaac Newton, er entwickelte die klassische Mechanik. Das war und ist auch heutzutage noch ein bewundernswertes, geschlossenes Stück unseres Wissens. Diese Physik wurde während des 18. und 19. Jahrhunderts weiter entwickelt und in erstaunlichem Maße zur Vollendung gebracht. Man konnte eine große Klasse von Naturphänomenen äußerst genau durch eine begrenzte Zahl von mathematischen Gesetzen und Gleichungen beschreiben, z. B. die Bewegungen und Wechselwirkungen von Körpern wie Planeten oder kleinen Steinen oder auch komplizierten Maschinen. Auf der Grundlage der Newtonschen Mechanik konnten Wissenschaftler das Verhalten einer Unzahl von mechanischen Systemen beschreiben und berechnen; sie konnten unsichtbare Eigenschaften dieser Systeme vorhersagen, nachdem sie die sichtbaren und meßbaren Eigenschaften registriert hatten. Dafür gibt es ein fast legendäres Beispiel, das ich in Erinnerung rufen möchte, nämlich die berühmte Episode der Entdeckung des Neptun. Am Beginn des letzten Jahrhunderts hatten die Astronomen festgestellt, daß die Kreisbahn des Uranus nicht voll verstanden werden konnte. Auf Grund von rein theoretischen Berechnungen durch John C. Adams in Cambridge und U. Leverrier in Paris war es möglich, diese Abweichungen dadurch zu erklären, daß man einen weiteren Planeten annahm. Die sehr genauen Berechnungen von Leverrier ermöglichten die Voraussage, wo dieser Planet im Jahre 1846 gefunden werden könnte. Er berichtete seine Resultate John G. Galle am Berliner Observatorium und am 23. September 1846 fand man den neuen Planeten Neptun weniger als 1° von der vorhergesagten Position entfernt.

Das war ein großartiger Erfolg, der illustriert und vielleicht sogar symbolisiert, warum die klassische Mechanik einen solchen enormen Einfluß auf viele Bereiche des Lebens ausübte, von der Philosophie bis zur Technologie. Die Newtonsche Mechanik gab uns die erste mathematisch genaue Formulierung des Determinismus und der Kausalität. Sie gab eine sichere Grundlage für die mechanistische Anschauung von der Welt. Ihr Einfluß auf andere Zweige der Naturwissenschaften, auf Philosophie und auf das Denken im allgemeinen war unübersehbar und bestimmte weithin unser technologisches Denken.

Wenige Dekaden nach dieser herausragenden Entdeckung des Neptun begannen in der Physik sich Dinge zu ereignen, die das Bild gründlich änderten. Während der letzten 100 Jahre, beginnend etwa 1870, wird nicht nur eine explosive Expansion der Physik beobachtet, sondern auch das Einbringen einer riesigen Ernte von grundsätzlichen, meistens unvorhergesehenen Entdeckungen, aber diese letzten 100 Jahre haben uns auch Ernüchterungen gebracht. Die Newtonsche Mechanik ist trotz ihrer spektakulären Erfolge, trotz ihrer bewundernswerten mathematischen Eleganz völlig ungeeignet oder sogar falsch, wenn man sie auf andere Arten von Phänomenen anwendet. Wenn man z.B. Körper beobachtet, die nach der klassischen Mechanik behandelt werden können, und sich auf ihre Eigenschaften konzentriert, wenn sie sich sehr rasch relativ zueinander bewegen, z.B. 100000 km/sec., dann wurde es klar, daß die Newtonsche Mechanik versagte. Die Newtonsche Mechanik muß in solchen Fällen durch die relativistische Mechanik ersetzt werden, wie sie EINSTEIN 1905 entdeckt hat. In diesem Fall ist die zugrundeliegende Theorie so verschieden von allen vorigen, daß die tiefsten Grundlagen unserer Auffassung über Zeit und Raum erschüttert wurden. Diese Begriffe, die früher, wie das KANT gefordert hat, absolut gesetzt wurden, wurden nun relativ, verschieden für verschiedene Beobachter.

Obwohl die neue Theorie, die relativistische Mechanik, die Dinge besser beschreiben kann als die ältere, ist sie doch nicht mit der früheren in mathematischer Geschlossenheit und Eleganz vergleichbar. Natürlich bleiben die großen Erfolge der Newtonschen Mechanik so bedeutend und brillant wie früher, wenn man sie auf die klassischen Phänomene anwendet, für die sie gilt. Die Theorie der Newtonschen Mechanik war erschüttert worden, sie war jetzt nur noch eine Approximation der neuen relativistischen Mechanik für niedrige Geschwindigkeiten.

Seit dieser Zeit weiß man, daß jeder Theorie dasselbe Schicksal bereitet werden kann. So schön, eindrucksvoll, erfolgreich sie sein möge, sie kann eines Tages zu einem bloßen Anhängsel degradiert werden, zu einer Approximation von irgend etwas anderem, was wir noch nicht wissen. Wiederum geht die Lehre, die wir daraus ziehen müssen, über die Grenzen der Physik hinaus. Sogar der größte Erfolg einer wissenschaftlichen Beschreibung von einer bestimmten Klasse von Phänomenen bietet keine Garantie, daß wir dieser Beschreibung auch in Nachbarbereichen trauen können. Mit anderen Worten, die wissenschaftliche Verallgemeinerung, die wissenschaftliche Extrapolation, beinhaltet große Risiken und erfordert eine äußerst kritische Einstellung.

Die letzten hundert Jahre Physik haben noch zu einer anderen Entwicklung von großer Bedeutung geführt, die wir für verschiedene andere Zwecke benützen können. Ich meine die Entwicklungen, die einsetzten, als die Materie auf dem atomaren Bereich erforscht wurde. Man entdeckte, daß in diesem Bereich die deterministischen Newtonschen Gesetze nicht mehr ausreichen, daß man statistische Gesetze benötigt, um die Eigenschaften der Materie zu beschreiben und vorauszusagen.

Das erste Stadium dieser Entwicklung war das folgende: Es war damals klar, daß die Gesetze der klassischen Mechanik sich mit guter Näherung auch auf die Atome und Moleküle anwenden lassen, die in normalen Flüssigkeiten, wie Wasser, oder in normalen Festkörpern, wie Salzen, sich befinden. Die Anwendung der Newtonschen Gesetze bleibt aber solange erfolglos, solange man sie nicht ergänzt durch statistische Betrachtungen, die sich um ein neues Konzept gruppieren, das Konzept der Entropie, die ein statistisches Maß für Unordnung ist. Unordnung spielt eine große Rolle, und sie mußte durch geeignete mathematische Theorien quantitativ erfaßt werden.

Dann setzte viel später, etwa um 1920, ein anderes Stadium der Physik im atomaren Bereich ein, es war das Stadium, in dem man experimentell in die innere Struktur des einzelnen Atoms und Moleküls eindringen konnte. Hierbei zeigte sich, daß statistische Betrachtungen eine noch fundamentalere Rolle spielten, in dem Sinne, daß eine vollständig neue Situation sich schon bei groben Experimenten ergab, nämlich, daß identische Experimente keine identischen Resultate lieferten. Determinismus gilt im Bereich eines einzelnen atomaren Experimentes nicht mehr. Nur wenn man eine große Zahl identischer Experimente wiederholt, kann man noch physikalische Gesetze herausfinden. Nur durch die statistische Verteilung der Resultate einer großen Zahl von Experimenten wird das Resultat voraussagbar. Determinismus ist ersetzt worden durch statistische Kausalität.

Das Auftreten der statistischen Kausalität hatte natürlich zahlreiche, weitreichende Konsequenzen außerhalb der Physik, besonders in der Philosophie. In vielen Wissenschaften, besonders in den Sozialwissenschaften, zeigt es sich, daß die statistischen Gesetze eine zentrale Rolle spielen. Die Physik unserer Tage gibt uns genaue, lehrreiche und detaillierte Beispiele nicht nur dafür, was die Voraussagekraft und die Variationsbreite statistischer Theorien anbetrifft, sondern auch für ihre Begrenzungen. Man möge sich stets dieser Beispiele erinnern, wenn man versucht, Statistik auf komplexere und weniger leicht verständliche Theorien anzuwenden.

Wir wissen, daß zahlreiche Naturerscheinungen, die wir in der Grundlagenforschung studieren, eines Tages eine praktische Anwendung finden können. In der Physik geschah es, daß in einem kurzen Zeitraum von nur 10 Jahren zwei Entdeckungen gemacht wurden, die fast unmittelbare technologische Anwendung fanden und die einen ungeheuren Einfluß auf die Menschheit hatten. 1938/1939 wurde die Kernspaltung entdeckt; aus ihr wurden die Kernwaffen und auch die friedliche Nutzung der Atomenergie entwickelt. Es dauerte nur 7 Jahre von der wissenschaftlichen Entdeckung bis Hiroshima. Der Transistor wurde 1948 in der Halbleiterphysik entdeckt, die ein Zweig der Festkörperphysik ist. Diese Erfindung revolutionierte in weniger als 10 Jahren den größten Teil der Elektronik und in grundsätzlicher Weise das gesamte Gebiet der elektronischen Computer. Eigentlich kann keine dieser Entdeckungen als besonders grundlegend bezeichnet werden. Dennoch wurde durch diese Entdeckungen die Welt grundlegend verändert. Nicht nur die Technik und Industrie, sondern auch die Politik wurde durch ihre Konsequenzen erschüttert.

Die meisten wissenschaftlichen Entdeckungen haben keinen solchen direkten Einfluß auf die Menschheit, und ich bin persönlich darüber froh. Manche Entdeckung, die einen grundlegenden Beitrag zu unserer Erkenntnis geliefert hat, zum Beispiel die tieferen Aspekte der Relativität, der relativen Natur von Raum und Zeit, haben überhaupt keine technische Anwendung gefunden.

Ein anderes bemerkenswertes Beispiel ist die Entdeckung der Supraleitung, jenes unglaublich interessanten Zustandes der Materie bei sehr tiefen Temperaturen, der es erlaubt, einen elektrischen Strom monatelang zu erhalten, ohne jeden Wärmeverlust.' Diese wunderbare Entdeckung wurde im Jahre 1911 gemacht, und erst jetzt beginnen die ersten zögernden Anwendungen in der Technologie ihren Platz zu finden. Man muß sich wohl damit abfinden, das heißt, wir haben keine Möglichkeit vorherzusagen, welcher Teil der Forschung eine technologische Anwendung finden wird oder nicht, und wenn er angewendet wird, ob die Konsequenzen gut, schlecht oder beides sein werden, denn gewöhnlich ist beides der Fall.

Die gesellschaftlichen, politischen und moralischen Konsequenzen der Naturwissenschaften, die sind Sorge aller, die Sorge der Wissenschaftler und der Nichtwissenschaftler, und Forschung ist heutzutage eine Angelegenheit nationaler und internationaler Politik. Aber es gibt natürlich noch einen weiteren Grund dafür, daß Naturwissenschaften, und besonders die Physik, eine politische Angelegenheit geworden sind. Dies hat mit der Entstehung von Großforschung zu tun. Einige der grundlegenden Forschungsgebiete, wie etwa die Kern- oder die Hochenergiephysik oder auch die Astrophysik erfordern riesige Instrumente. Ihre Ausmaße und die Kosten hierfür sind kolossal. Zentralisierung und Planung sind deshalb in diesen Bereichen der Großforschung eine Notwendigkeit geworden.

In den fünfziger Jahren entstanden deshalb neue Formen von Forschungseinrichtungen, sehr große Laboratorien, entweder auf nationaler oder internationaler Ebene, die sich einem Teil der Grundlagenforschung widmeten. Einige dieser Institutionen sind sehr einflußreich geworden. Ich will darüber nicht viel sagen, und im übrigen können sie ihre Interessen selbst vertreten, denn sie haben häufig eine große Tüchtigkeit darin entwickelt, ihre Wichtigkeit vor der Öffentlichkeit auszubreiten. Ich will vielmehr nur einen Aspekt dieser Entwicklung erwähnen, der meines Erachtens verbesserungsbedürftig ist, und will hierfür ein Beispiel geben. Ich will dafür eintreten, daß Großforschung noch nicht ihre logische Ausformung, jedenfalls nicht in ihrer Organisationsform, gefunden hat. Ich möchte das am Beispiel der Hochenergiephysik darstellen, in der ich während der letzten zehn Jahre gearbeitet habe und die durch extrem große Beschleuniger, Synchrotronen und andere Maschinen charakterisiert ist.

Die größten dieser Maschinen, die zur Zeit laufen, sind das russische Protonen-Synchrotron, das westeuropäische Protonen-Synchrotron bei CERN in Genf und ein noch wesentlich größeres Synchrotron in den Vereinigten Staaten, in der Nähe von Chicago. Zehn westeuropäische Länder haben kürzlich beschlossen, den Bau einer ähnlichen Maschine in CERN zu beginnen. Ich möchte jetzt einen Schritt zurücktreten und eine weltweite Umschau halten. Wenn ich eine Liste der kompetentesten, begabtesten und kreativsten Gruppen von Hochenergie-Physikern zusammenstelle, dann finde ich einige dieser sehr sehr begabten Gruppen in den Ländern, wo die Beschleuniger stehen. Aber man findet zum Beispiel auch zwei der besten experimentellen Hochenergie-Gruppen in den Städten Warschau und Krakau und vielleicht kann man auch sagen, daß eine besonders brillante und höchst originelle theoretische Gruppe am Weizmann-Institut in Rehovot arbeitet.

Diese Arbeitsgruppen haben keinen offiziellen Zugang zu den modernsten Beschleunigern, die ich oben erwähnt habe. Der Grund ist einfach, allerdings kein sehr glücklicher: Zufällig gehören diese Gruppen nicht zu den Nationen, die solche Maschinen besitzen und in Betrieb halten. Freilich können die polnischen Experimentatoren und die israelischen Theoretiker genausogut wie die polnischen Theoretiker und die israelischen Experimentatoren als regelmäßige Besucher in den großen Laboratorien arbeiten. Aber sie sind trotzdem doch eine besondere Klasse von Besuchern und, um die Dinge beim Namen zu nennen, zweitklassige Besucher.

Die Situation hat einen kleinen bitteren Nachgeschmack von wissenschaftlicher Wohltätigkeit. Dabei brauchte man sie notwendig als Berater. Diese Kollegen mit ihrem besonderen Sachverstand werden gerade dort, wo sie am meisten benötigt werden, nämlich bei der Diskussion und der Entscheidung über wissenschaftspolitische Fragen nicht gehört, dabei hängt doch so viel von dem Erfolg oder Fehlschlag dieser Großforschungsprojekte ab. An diesem Punkt, meine ich, sollte die Großforschung einen wichtigen Schritt machen, um den besten Gebrauch ihrer hohen Investitionen zu sichern.

Eines Tages muß die Politik die sein, daß alle diese hervorragenden Köpfe auf weltweiter Ebene in allen Stadien der Planung, des Baus und der Benutzung dieser hochmodernen Forschungsinstrumente eingeschaltet werden. Das ist ein Zukunftsprojekt, und es scheint mir ein wichtiges zu sein, und ich glaube, man sollte hier die Großforschung in gute Bahnen lenken, besonders wenn man bedenkt, was Großforschung für den Nichtwissenschaftler bedeutet.

Was war denn das Bild, was uns vor Augen schwebte, wenn wir vor 30 Jahren das Wort ‚Großforschung' hörten? Nun, für den Physiker war es das Bild von ‚Torhütern', komplizierten Pässen, Geheimnis, Waffenschmiede, kalter Krieg. Die gegenwärtige Situation der Großforschung ist viel besser, wir bewegen uns in Richtung auf eine weltweite Kooperation an den riesigen Instrumenten, die benötigt werden, wenn wir unsere Grundlagenkenntnisse erweitern wollen.

Ich möchte schließen, indem ich die drei Hauptpunkte meiner Überlegungen zusammenfasse: Erstens hat die Entwicklung der Physik gezeigt, daß eine mathematische Beschreibung der Naturvorgänge möglich ist, die die Grundlage für Theorien bildet, die Voraussagen gestatten. Die Konzepte der Kausalität und der statistischen Gesetze haben ihren Stellenwert in der Physik gefunden und sind durch ausführliche Experimente bestätigt worden. Die Entwicklung dieser Auffassungen kann als Modell dafür dienen, daß mathematische Techniken sich auch auf andere Zweige der Naturwissenschaften ausdehnen lassen. Daran kann man sowohl den großen Geltungsbereich als auch die Begrenzungen solcher Techniken erkennen. All das benötigte viel Denken, wissenschaftliche Kenntnisse und Philosophie, aber auch Experimente, Voraussagen, Planung und Technologie. Zweitens hat die Physik die Eigenschaften der Naturkräfte und der materiellen Systeme entdeckt und studiert. Physik hat damit, jedenfalls in einigen Fällen, Möglichkeiten geliefert, die Kräfte und Systeme zu kontrollieren oder sogar Nutzen aus ihnen zu ziehen. Das hatte Folgen auf nichtwissenschaftlichem Gebiet, die einen enormen Einfluß auf die Menschheit nach sich zogen. Dadurch ist die Naturwissenschaft jetzt eine Angelegenheit der nationalen und internationalen Politik geworden. Drittens führen die gegenwärtigen Entwicklungen in der Grundlagenforschung, besonders in der Physik und Astrophysik zu Untersuchungen von scheinbar weniger direkten Naturphänomenen, die immer größere und stärkere Instrumente brauchen. Diese Entwicklung erfordert eine globale Wissenschaftspolitik, in der die besten Forschungseinrichtungen der Welt geplant, gebaut und gemeinsam ausgenützt werden müssen. Das muß unter voller Teilnahme der besten Forscher in der ganzen Welt geschehen. Der Grund dafür ist nicht nur eine allgemeine internationale Moralität, sondern der Grund ist viel einfacher: Die Zahl der hochbegabten Wissenschaftler ist ziemlich klein. Ihr integriertes Wissen ist bestimmt nicht zu groß für die schwierigen Aufgaben, die vor uns liegen auf der langen Straße zu immer tieferen Schichten unserer Erkenntnis.

Sinnvolle und sinnlose technische Entwicklungen

Physik ist der Ausgangspunkt für Technik und neue Technologien. Das gilt besonders für unsere Zeit, in der praktisch aus dem Nichts große technische Projekte zur Reife gebracht werden können.

Im Jahre 1939 war außer dem Experiment von OTTO HAHN, *das uns heute fast simpel erscheint, kaum etwas über die Kernspaltung bekannt. Im Verlaufe von sechs Jahren wurden in einer einzigartigen Organisationsleistung die Atombombe geschaffen und die Grundlagen der Kerntechnik gelegt. Als die amerikanische NASA ihr Raumfahrtprogramm beschloß, waren zwar die Grundlagen der Raketentechnik bekannt, es gab Interkontinentalraketen, aber wiederum betrat man völliges technisches Neuland. Innerhalb weniger Jahre wurde die Raumfahrttechnologie entwickelt mit ihren vielen neuen Materialien, ihrer ausgefeilten Nachrichtentechnik und Elektronik, ihrer Computersteuerung, mit allen dazugehörigen medizinischen Versuchen, die es ermöglichten, den Menschen auf den Mond zu transportieren.*

Welche technischen Entwicklungen sind sinnvoll? Müssen sie Nutzen für die Menschheit bringen? Oder sind sie bereits gerechtfertigt, wenn neue grundlegende Erkenntnisse gewonnen werden, z. B. über die Entstehung des Weltalls? Hat sich der Spaziergang auf dem Mond gelohnt? Erwartet die Gesellschaft von den Wissenschaftlern die Erfüllung bestimmter definierter gesetzter Ziele, oder definieren die Physiker die Ziele und verbrämen sie dann gesellschaftlich?

Es ist schwierig, den Sinn technischer Entwicklungen von einem Standpunkt aus zu beurteilen, der sich mitten im Strudel des rasch vorbeiströmenden technischen Fortschritts befindet. Niemand würde die Entwicklung der Dampfmaschine oder der Elektrizität als sinnlose technische Entwicklungen bezeichnen. Bezüglich des

Automobils ist man heute geteilter Meinung. Zweifellos hat es sinnlose technische Entwicklungen gegeben, die allerdings meistens rasch in ihren Anfangsphasen steckengeblieben sind, z. B. das Luftschiff (Zeppelin).

Eine andere Frage ist die, ob eine technische Entwicklung zum Guten oder zum Schlechten für den Frieden oder für den Krieg ausgenützt werden kann, und hier ist wieder die Kernenergie das Lehrbeispiel. Ohne die Kernenergie ist das Weltenergieproblem nicht mehr zu lösen.

Physik und Gesellschaft

CHAIM L. PEKERIS

Wir Physiker sind als die sichersten Fahrer in der Welt bekannt. Die wenigen Unfälle, die wir haben, ereignen sich eigentlich nur dann, wenn wir den Rückwärtsgang einschalten und rückwärts fahren. Mit ein Grund dafür ist: Wir sind so auf die Vorwärtsrichtung polarisiert, daß wir die Fähigkeit zum Zurückblicken verloren haben. Ich habe mich deshalb dazu gezwungen, die Vergangenheit unter dem Gesichtspunkt durchzugehen, ob aus Erfahrungen mit der Physik vielleicht Lehren zu ziehen sind, die für das Thema dieses Buches eine Bedeutung haben. Ich möchte hier keine Apologie für die Physik betreiben oder ihre besonderen Verdienste betonen. Ich möchte nur die Situation diskutieren, wie sie sich uns darstellt.

Zwei wichtige Faktoren haben sich aus dem Los-Alamos-Experiment von 1942—1945, dem Bau der Atombombe praktisch aus dem Laborstadium heraus, ergeben:
1. Es ist gezeigt worden, daß wir vollständig neue Technologien von Anfang an neu entwickeln können, aus einem Stadium, in dem noch nichts von diesen Technologien existierte.
2. Wir haben gezeigt, daß man in Kriegszeiten sich in ein kohärentes Team organisieren kann, das mit außerordentlichem Enthusiasmus und hoher Effizienz arbeitet.

Diese zwei Faktoren stellen uns Physiker vor ein moralisches Problem. Warum können wir nicht in Friedenszeiten ein oder mehrere Projekte anfangen, die von direktem Nutzen für unsere Gesellschaft wären? Zugegebenermaßen können wir nicht erwarten, ein so hohes Niveau von Effizienz und Konzentration zu erreichen, wie das in Los Alamos der Fall war, aber ein Bruchteil davon wäre doch vielleicht nicht unangemessen. Unter diesem Gesichtspunkt möchte ich einige jüngere Projekte der Physik durchgehen, die möglicherweise von direktem Nutzen für die Gesellschaft sind, und ich werde versuchen, ihren Ursprung und ihre Wirkungsweise zu bewerten und zu bestimmen, wie erfolgreich sie waren oder sind, um bestimmte technische Ziele zu erreichen.

Ich beginne mit dem Problem, wie man bei einer seismischen Aufzeichnung unterscheiden kann, ob sie von einer Kernexplosion oder von einem natürlichen Erdbeben stammt. Nach dem partiellen Atomversuchsstopp, der 1963 unterzeichnet worden ist und der die überirdischen Atomtests verbietet, hat man keine Einigung darüber erzielen können, wie man die unterirdischen Atomtests genau feststellen kann. Im Jahre 1963 war das Problem der Identifizierung einer unterirdischen Kernexplosion offen. Auf beiden Seiten wurden darüber Forschungen angestellt, in Ost und West, mit einem überraschenden Maß an Informationsaustausch, mit dem Resultat, daß heutzutage keine unterirdische Kernexplosion größer als 2000 t unentdeckt bleiben kann. Diese Grenze war noch vor drei Jahren zehnmal größer. Jedes Jahr versammeln sich die Forscher auf diesem Gebiet auf einer internationalen Konferenz und tauschen ihre Informationen aus. Im Jahre 1969 wurde eine russische Delegation zu den seismischen Stationen in Norwegen geführt, und bald danach besichtigte sie ähnliche Stationen in Schweden. Die Teilnehmer sind hauptsächlich von akademischen Institutionen und haben einen Grad von experimenteller und theoretischer Phantasie entwickelt, der eindrucksvoll ist. Das ist natürlich nur ein kleiner Bereich von Forschung, finanziell ausgedrückt 100 Millionen Dollar. Das Projekt hat junge Talente angezogen, der Führungsaufbau dieser Gruppe ist für den Zweck angemessen, und die Resultate waren lohnend. Ich betrachte dieses als einen erfolgreichen Versuch auf internationaler Ebene, trotz der verschiedenen Interessen der zwei Lager und der psychologischen und politischen Schwierigkeiten des Gegenstandes. Wir haben heute dadurch wichtige Grundkenntnisse über die Natur der Erdbeben und Explosionen, die es vor sieben Jahren noch nicht gab.

Nach dem Versuch des Los-Alamos-Unternehmens machte JOHN VON NEUMANN den ehrgeizigen Versuch, ein Programm für die Physik zu entwerfen, wodurch sie mit Hilfe der Computer revolutioniert werden sollte. Er entwarf und baute den Johniac Computer in Princeton, und das erste Anwendungsziel für diesen Computer war die Wettervorhersage. Der zugrundeliegende Gedanke war, den Anfangszustand der Atmosphäre in den Computer zu geben und den Computer die dynamischen Gleichungen integrieren zu lassen und den vor uns liegenden mathematischen Zustand der Atmosphäre festzustellen. Versuchsstudien wurden in Princeton von einem Team, das von JULES CHARNEY geleitet wurde, durchgeführt.

Die anfänglichen Fortschritte waren vielversprechend. Als ich NEUMANN das letzte Mal im Walter-Reed-Hospital in Washington im Jahre 1955 sah, war er begeistert und behauptete, daß das Team wenigstens kurzfristige Wettervorhersagen machen könne und daß jetzt die Zeit gekommen wäre, um das Problem der langfristigen Voraussagen anzugreifen. Er begann sofort die Größe und die Geschwindigkeit des Computers zu projektieren, der für langfristige Voraussagen benötigt würde. Unglücklicherweise starb NEUMANN kurz danach, das Institute of Advanced Study jagte das NEUMANN-Team davon, und CHARNEY ging an das Massachusetts Institute of Technology. Das Problem besteht darin, Einzelheiten des angenommenen Modells der Atmosphäre in den Computer hineinzugeben und dabei noch die Berechnungen zu beenden, bevor das Wetter wechselt.

Der gegenwärtige Stand dieses Projektes ist folgender:

1. Man kann schätzen, daß unter idealen Bedingungen, d. h. wenn der Anfangszustand mit möglichst vielen Details gemessen ist und die Berechnungen mit höchster Genauigkeit ausgeführt werden, daß es dann unter diesen idealen Bedingungen möglich sein sollte, das Wetter für maximal 30 Tage vorauszusagen.

2. Eine weltweite Organisation (GARP) ist geschaffen worden, die alle Wetterdaten, einschließlich Satelliten-Photographien, sammelt.

3. Seit 1968 werden Wetterdaten von beiden Hemisphären für Versuchsvoraussagen benutzt.

Von einer Übersicht über die neueste Literatur habe ich den Eindruck gewonnen, daß zwar viele begabte Leute an diesem Projekt in verschiedenen Teams tätig sind, daß aber keine Führungspersönlichkeit an der Spitze steht, wie sie etwa NEUMANN war. Das Projekt erfordert Erfahrung in der numerischen Analyse, in der

Dynamik der Flüssigkeiten, in der Wetterbeobachtung, in der Datenverarbeitung — verbunden mit einer gesunden Portion von Menschenverstand. Man kann eigentlich nicht ausschließen, daß die das Wetter bestimmenden Mechanismen vielleicht doch einfacher sind, als man sich das jetzt vorstellt, und daß man nur eine neue Art und Weise, sie zu betrachten, braucht. Diese Art von Projekten verdankt ihren Anfangserfolg einer starken Persönlichkeit, aber diese Projekte tragen dann auch die Gefahr in sich, daß sie dahinsiechen, wenn die starke Persönlichkeit fehlt.

Am Abend des 27. März 1964, als die Stadtväter von Anchorage in Alaska eine Festversammlung aus Anlaß des Karfreitag hatten, erschütterte ein Erdbeben die Stadt, tötete über 100 Menschen und löschte die Handelsflotte im Hafen vollständig aus. Die Stadträte rannten davon, um sich zu schützen (außer dem Stadtschreiber, der sich nicht in Sicherheit brachte, bevor er zu Protokoll gab, daß die Versammlung vertagt wurde wegen zu starker Bewegung des Versammlungsraumes). Nach diesem Ereignis rief Präsident JOHNSON seinen wissenschaftlichen Berater, D. F. HORNIG, zu sich und sagte: „Ihre nächste Aufgabe ist die Vorhersage von Erdbeben." Daraufhin berief HORNIG seine Berater, und tatsächlich erklärte sich eine Gruppe unter Dr. FRANK PRESS bereit, die Angelegenheit zu verfolgen. Das war erstaunlich, denn bis zu dem Erdbeben von Alaska hatte das Thema Voraussage von Erdbeben nur Gelächter unter den Fachleuten hervorgerufen.

Heute gibt es eine Menge Kenntnisse über die Phänomene, die den Erdbeben vorausgehen. Obwohl zugegebenermaßen noch keine wirklich erfolgreiche Erdbebenvoraussage möglich gewesen ist (das gilt auch für das Erdbeben von San Fernando in Kalifornien vom 9. Februar 1971), so haben wir uns der Lösung des Problems doch schon ziemlich genähert. Wie man sich dann verhalten wird, wenn man wirklich Voraussagen machen kann, ist ein anderes, mehr psychologisches Problem, das uns im Moment nicht zu berühren braucht.

Die Arbeit der Gruppe um PRESS koinzidierte mit einem neuen Phänomen, das auf der seismischen Szene erschien: Erdbeben, die dadurch ausgelöst wurden, daß man Flüssigkeiten in die Erde injizierte. In Denver, Colorado, wurde eine Abwasserleitung 3,7 km tief versenkt, um Abwasser in die Tiefe zu leiten. Das Einströmen von Abwasser hatte eine Reihe von Erdbeben zur Folge. Man glaubt, daß diese Erdbeben durch die Beseitigung von Reibung zwischen Erdfalten ausgelöst worden sind, in denen Spannungen vorhanden waren.

Nachdem die Realität dieses Phänomens sichergestellt war, entstand der Gedanke, absichtlich Flüssigkeit in bestimmte Erdschichten zu injizieren, um die Spannungen in Faltenregionen auszulösen, von denen man weiß, daß sie die Erdbebenherde sind, so z.B. die San-Andreas-Falte in Californien. Tatsächlich werden solche Experimente in Californien durchgeführt, aber doch mit einigem Zaudern. Man hat nämlich keine Garantie, daß die künstlich ausgelösten Erdbeben kleine Beben sein werden, und kein Geophysiker möchte die Verantwortung dafür übernehmen, ein verheerendes Erdbeben herbeigeführt zu haben. In Japan wird die Vorhersage von Erdbeben übrigens noch intensiver betrieben.

Das hier skizzierte Projekt ist besonders wegen seines Ursprungs interessant. Das Weiße Haus meinte, daß man von Erdbeben die Nase voll hätte und befahl seinem „Hofzauberer", die Erdbeben abzuschaffen. Außerdem illustriert es die Tatsache, daß ein Gegenstand, der wenige Jahre zuvor noch als etwas Mystisches und Wahrsagerisches verschrien war, einer rationalen Untersuchung zugänglich wird, nachdem die Geophysiker daran beteiligt wurden. Der düstere Hintergrund dieses Gegenstandes ist, daß man, wenn man die Statistik der Vergangenheit betrachtet, in den USA ein sehr schweres Erdbeben voraussehen muß, etwa in dem Maße des Bebens von San Francisco oder Alaska, und dies vor dem Jahre 2000.

Ich glaube, daß die Physiker zum Wohlstand der Gesellschaft viel leisten können, wenn sie gemeinsam ein Interesse an dem jetzt laufenden Projekt der Erdbebenvorhersage nehmen. Das sollten wir aber nicht tun, weil wir der Gesellschaft etwas besonderes schulden, sondern weil wir uns das selbst schuldig sind durch die Regeln unserer eigenen Maßstäbe.

Ich behaupte, daß wir zum Besten der Gesellschaft dadurch beitragen, daß wir die Initiative und die Verantwortung für Projekte übernehmen, die zum direkten Nutzen der Gesellschaft sein können.

Die einzige Alternative, so scheint mir, ist die, daß wir einen großen Teil unserer Zeit in der passiven Rolle von Beratern von öffentlichen Körperschaften verwenden, in Komitees sitzen, in der Rolle von unvoreingenommenen, aber in vielen Fällen auch uninformierten Experten, wodurch wir die Gemeinschaft der Physiker Einwirkungen aussetzen, über die sie keine Kontrolle hat.

Als ein Beispiel für die Einwirkungen der Wissenschaft auf die Gesellschaft möchte ich die kürzliche Krise des Überschalltransportes in den USA anführen. Analoge Entwicklungen von Überschallflugzeugen haben in Frankreich und England mit der Concorde und der russischen TU-133 stattgefunden. Ich habe mich um diese Projekte kaum gekümmert, bis ich die USA Ende März 1971 besuchte, wo mir von einem Kollegen erzählt wurde, daß das Überschallflugzeug im Senat auf Grund eines Gutachtens von Prof. JAMES MCDONALD abgelehnt wurde, weil er behauptete, daß das Überschallflugzeug ein Anwachsen des Hautkrebses um jährlich 10 000 Fälle zur Folge haben würde. Nach MCDONALD würde dieser Hautkrebs erzeugt durch etwas, was mir auf den ersten Blick als ein höchst bizarrer physikalischer Prozeß erschien. Er behauptete, daß das Überschallflugzeug den Wassergehalt der Atmosphäre erhöhen würde, daß dies eine Verminderung des Ozongehaltes in der Stratosphäre zur Folge haben würde, der dann ein Ultraviolett-Fenster in der Atmosphäre öffnen würde in dem Bereich, in dem Ozon absorbiert, nämlich bei 2900 Å, und daß deshalb schließlich eine 15%ige Zunahme des Hautkrebses erfolgen würde. Als ich dem widersprach und sagte, daß ich als Wissenschaftler diese Theorie nicht zur Publikation in einem geophysikalischen Journal annehmen würde, erzählte man mir, daß im Falle möglicher Gesundheitsbedrohungen die Kriterien nicht seien, ob ein Vorgang bewiesen sei, sondern ob man ihn mit Sicherheit ausschließen könne. Solange man ihn nicht ausschließen kann, kann man ihn nicht außer Betracht lassen.

Genaue Informationen über die Ozonschicht in der Stratosphäre gab es schon in den dreißiger Jahren, besonders auf Grund der Arbeit des Teams von LINDEMANN und DOBSON in Oxford. LINDEMANN ist vielen vielleicht besser bekannt als Lord CHERWELL, CHURCHILL's wissenschaftlicher Berater während des Krieges, dessen Spezialgebiet der Ozongehalt der Atmosphäre war. Die Stratosphäre hat kein Abfallvernichtungssystem; radioaktive Reste sind dort noch nach mehr als zwei Jahren beobachtet worden. Spezialisten dieses Gebietes, wie zum Beispiel Prof. NEWELL vom Massachusetts Institute of Technology haben deshalb das Kongreß-Komitee vor der Gefahr einer Verschmutzung der Stratosphäre durch Überschallflugzeuge gewarnt. Das US-Department of Transportation hat dann ein Komitee ernannt, das Überschall-Umwelt-Beratungs-Komitee, welches diesem Problem nachgehen sollte. Im Januar 1971 wurde Prof. SINGER Vorsitzender des Komitees. Er nahm vor dem Senatskomitee etwa wie folgt Stellung: Obwohl das Komitee seine Arbeit noch nicht so bald beenden könne, könne er jedoch jetzt schon sagen, daß die Gegner des Überschallflugzeuges in fast allen Punkten Unrecht hätten. Er nannte eine Reihe von Faktoren, die außer dem Überschallflugzeug den gleichen Effekt auf die Atmosphäre haben könnten, zum Beispiel die Zunahme des Wasserdampfes in der Stratosphäre auf Grund von Methan. Eine Quelle für Methan in der Atmosphäre sind widerkäuende Kühe. Er meinte, daß nach unseren besten gegenwärtigen Urteilen der Einfluß einer Überschallflugzeugflotte auf die Zusammensetzung der Stratosphäre im normalen Variationsbereich liegen würde. Unter Abwägung aller Gesichtspunkte, so sagte er, glaube ich, daß die Frage, ob wir ein Überschallflugzeug haben sollten oder nicht, nur auf wirtschaftlicher Grundlage entschieden werden könne, da die Umwelteinflüsse tatsächlich äußerst gering sind. Wenn das Überschallflugzeug abgelehnt wird, dann sollte es nicht aus falschen Gründen getan werden.

Dieser Schlußsatz rief einen wütenden Angriff von Senator PROXMIRE aus Wisconsin hervor: „Ich bin bestürzt, schockiert und wütend über die Art und Weise, wie Sie Ihr Problem anfassen. Sie haben uns eine Schlußfolgerung präsentiert, bevor Sie überhaupt Ihre Studien nur begonnen haben. Das ist wie eine Auseinandersetzung mit meiner Frau, in der ihre Mutter als Schiedsrichter auftritt. Und Sie wollen der Mann sein, auf den viele Senatoren sich verlassen". Als Mr. MAGRUDER vom Department of Transportation sich hinter Dr. SINGER stellte, beschuldigte ihn Senator PROXMIRE, daß er das SINGER-Komitee mit lauter Pro-Überschall-Leuten besetzt hätte. Dann verlas Senator PROXMIRE eine Liste von 12 Wissenschaftlern, die nach seiner Meinung absichtlich aus dem Komitee herausgedrängt worden waren. Er fragte, warum MAGRUDER nicht Lord SNOW, einen bekannten englischen Autor und Wissenschaftler und Dr. GEORGE WALD, einen Biologen der Harvard-Universität ernannt hätte. Ich zitiere diese merkwürdigen Einzelheiten, um Ihnen die wirkliche Natur des Einflusses der Wissenschaft auf die Gesellschaft zu zeigen. Natürlich wäre Prof. SINGERS Feststellung, in welcher er seine erste vorläufige Schlußfolgerung zieht, geeignet gewesen für ein Forum wie die Amerikanische Physikalische Gesellschaft. Aber es war eben höchst ungeeignet für ein Senat-Hearing, wo Leute der Praxis zu einer Entscheidung kommen müssen, bevor zu einem bestimmten Termin eine Abstimmung gemacht wird.

Das ist jedoch noch nicht das Ende dieser Geschichte. Bei diesen Hearings bezeugte Admiral RICKOVER, daß, obwohl er im Jahre 1963 vor Umweltgefahren gewarnt hatte, er glaube, daß nun das Pendel in der anderen Richtung zu weit geschwungen sei. Er stellte sich denen entgegen, die eine anti-technologische Stimmung machten. Er stellte fest, daß ja sogar die Dampflokomotiven von anti-technologisch eingestellten Leuten verteufelt worden waren. Die Royal Society in England soll einst davor gewarnt haben, daß bei einer Geschwindigkeit von über 30 Meilen pro Stunde die Luftzufuhr für die Passagiere in den Abteilen unzureichend würde und daß die Mitfahrer an Atemnot sterben müßten.

Eine Versammlung von Ärzten in München erhob warnend ihre Stimme, daß die Menschen ihr Augenlicht verlieren würden — wegen der rasch vorbeisausenden Umgebung. THOMAS EDISON startete eine Kampagne gegen die Verwendung von Wechselstrom anstelle von Gleichstrom bei der elektrischen Kraftübertragung. Zur Unterstützung seiner Ansicht sollen seine Mitstreiter angeblich Hunde öffentlich durch elektrischen Strom getötet haben. Ein Nebeneffekt dieser Propaganda war, daß der elektrische Stuhl in den New Yorker Gefängnissen eingeführt wurde, der, wie ich annehme, mit Wechselstrom betrieben wird.

Aber zurück zur Geschichte des Überschallflugzeuges. Am 16. März 1971 wurde Prof. CHARNEY vom MIT von einem der Direktoren des Überschallflugprogrammes von Boeing gefragt, ob er seinen Namen unter ein Schriftstück setzen wolle, das sich für das Überschallflugzeug ausspricht und von dem wissenschaftlichen Berater des Präsidenten selbst aufgesetzt worden war. Prof. CHARNEY, ein heftiger Opponent des Überschallprogrammes, berichtete dieses sofort an Senator PROXMIRE, und am 18. März wurde in Washington eine Pressekonferenz abgehalten, bei der auch Prof. MCDONALD, der Ausgangspunkt der Furcht vor dem Hautkrebs, zugegen war. Die für das Überschallflugzeug eintretende Seite konnte das Gewicht der Feststellung von MCDONALD schwächen dadurch, daß sie eine alte Zeugenaussage von ihm hervorzogen, in der er behauptet hatte, daß die Stromausfälle im Staate New York durch Ufos hervorgerufen worden seien. Die Argumente gingen hin und her, sie wurden immer lächerlicher und sind in verschiedenen Berichten des Kongreß-Komitees niedergelegt. Meiner Meinung nach ist der Verlust des Ansehens der Physiker in diesen Dokumenten deutlich dokumentiert. Die Schlüsse, die ich aus diesen Ereignissen ziehe, sind diese:

1. Wenn Wissenschaftler in Regierungskomitees sitzen, müssen sie entweder mehr Zeit ihrer Aufgabe widmen, oder sie müssen ihre Mitarbeit verweigern.
2. Die Gemeinschaft der Physiker muß eine kollektive Verantwortung für die Arbeit dieser Komitees übernehmen und sollte generell über sie informiert werden.
3. Sicherlich muß jeder Physiker den Problemen der Allgemeinheit mehr Zeit opfern als bisher.

Unsere Sorge über die Einstellung der gegenwärtigen Gesellschaft zur Physik enthält unterschwellig den Wunsch, in die guten alten Zeiten der Physik von NIELS BOHR zwischen 1920 und 1950 zurückzukehren. Diese Ära war von seinem Geiste beherrscht und hatte deshalb ihren eigenen moralischen Maßstab und die damit verbundenen Anforderungen an den einzelnen Physiker. Wenn wir zum Geiste dieser Zeit zurückkehren wollen, dann müssen wir die Leitlinien dieser Ära annehmen und uns fragen, wie NIELS BOHR auf eine dieser Fragen reagiert hätte, und uns daran ein Beispiel nehmen. Etwa: Da in der Zeit von BOHR die Physiker wohl kaum der gegenwärtigen Praxis folgten, einen Wochentag für Industrieberatung zu verwenden, mag es wohl von nun an nötig sein, diesen freien Tag statt dessen den Problemen des Einflusses der Physik auf die Gesellschaft zu widmen. Das wird eine ziemliche Belastung für die noch lebenden Schüler von BOHR sein, von denen hier manche unter uns sind und die das durch persönliches Beispiel zeigen müßten. Glücklicherweise ist die Physik auch in einer weniger günstigen Umgebung aufgeblüht als zur Zeit von BOHR. Wenn wir auf die Geschichte des Einflusses der Physik auf die Gesellschaft zurückblicken, finden wir z. B., daß ISAAC NEWTON am 16. April 1676 sich veranlaßt fühlte, einen Brief an den Sekretär der Royal Society, OLDENBURG, zu schreiben, um ihn vor dem möglichen Schaden zu warnen, den NEWTON in einer Erfindung sah, die von BOYLE in den *Philosophical Transactions* der Royal Society am 21. Februar 1676 publiziert worden war. Die Überschrift von BOYLE's Artikel lautete: „Über die Inkaleszenz von Quecksilber mit Gold". Darin beschrieb BOYLE, daß er ein Rezept für eine außergewöhnliche Form des Quecksilber gefunden habe, die nach Behandlung durch Sublimation und Destillation die sog. alchimische Inkaleszenz zeige, d.h. dieses Quecksilber könne mit Goldstaub reagieren und dabei Wärme entwickeln. In jenem Brief an OLDENBURG warnte NEWTON vor unzähligen Gefahren für die Menschheit, wenn die alchimistischen Entdeckungen BOYLES veröffentlicht und den Nichteingeweihten bekannt gemacht würden. Die Motive für diese Sorge um die Öffentlichkeit waren wahrscheinlich nicht altruistisch. Man vermutet, daß NEWTON, der selber intensiv alchimistische Experimente ausführte, Sorge hatte, daß BOYLE vielleicht vor ihm den Stein der Weisen entdecken könnte, durch welchen die Alchimisten Metalle umzuwandeln hofften.

Auf der anderen Seite wissen wir, daß NEWTON seinen Schüler DAVID GREGORY dazu überredete, ein Modell einer Erfindung zu zerstören, die von GREGORYS Vater dazu gemacht worden war, die Artillerie zu verbessern. Als Grund dafür gab NEWTON an, daß dieselbe Waffe dem Feinde sicher auch bald bekannt werden würde und daß deshalb die ganze Entdeckung eher zur Auslöschung als zur Erhaltung der Menschheit dienen würde.

Mögen meine Gedanken den Eindruck erwecken, daß Physiker bisher oft in ihren Pflichten gegenüber der Gesellschaft versagt haben — aber sollen wir deshalb die Verantwortung für die öffentlichen Angelegenheiten in die Hand von Schriftstellern und Poeten legen, weil sie weniger voreingenommen wären?

Das Leib–Seele–Problem in unserer Zeit

Seit Anbeginn des menschlichen Denkens ist es dem Menschen aufgegeben, über das Verhältnis von Körper und Geist, von Leib und Seele nachzudenken. Zweifellos hat der menschliche Geist seinen Sitz im Körper, auch wenn man vom Körper losgelöste geistige Bereiche, das Reich der Ideen, Metaphysik, als vom Körper losgelöste Qualitäten annimmt. Der Leib besitzt mindestens die Maschinerie, um Geist hervorzubringen; diese Grundannahme kann auch bei rein materialistischer Denkweise nicht geleugnet werden. Und dann gibt es wieder Rückkopplungen. Man kann nur gut denken, wenn man in guter körperlicher Verfassung ist. Gedanken können den Menschen zu körperlicher Höchstleistung beflügeln, seelische Schmerzen und unverarbeitete Erlebnisse ihn körperlich schädigen. Was ist also das Verhältnis von Körper und Geist?

Das Organ, mit dem wir denken, ist zweifellos das Gehirn. Dieses komplizierte Organ mit seinen Milliarden von Nervenzellen, die alle untereinander in Verbindung stehen und miteinander verschaltet sind, besitzt einen unvorstellbaren Komplexitätsgrad. Wie wird aus einer so komplexen Quantität eine neue Qualität, nämlich das menschliche Denken? Werden wir durch die Forschung der nächsten Generationen den menschlichen Geist materiell beschreiben können?

Hirnforschung und die Kontrolle über den menschlichen Geist

DAVID SAMUEL

Die Hirnforschung wird heute von vielen als potentiell gefährlich für die Menschheit angesehen. Ich will hier nicht über die philosophischen Aspekte dieser Forschung berichten, etwa über die Beziehung zwischen Hirn und Verstand, sondern vielmehr einige spezifische Probleme aufzeigen und versuchen, einige offene Fragen zu beantworten.

Mein Forschungsgebiet hat viele Namen, man kann es auch Psychobiologie oder Biologie der Psyche nennen. Dieser Forschungszweig enthält viele Bestandteile der Chemie und der Biochemie und auch viel Physik. Es ist ein Gebiet von solcher offensichtlicher Bedeutung für die Zukunft der Menschheit, daß es stets von einem Chor von Warnern vor der Kontrolle des freien Willens begleitet worden ist. Nicht immer war das zum Guten. Das Gefühl des drohenden Unterganges wurde von der Presse und anderen Medien aufgenommen, wahrscheinlich weil Katastrophen sich besser verkaufen als weitgesteckte Ziele und weil die dunklen Aspekte des Lebens mehr Publicity haben als die optimistischen. Unglücklicherweise lief dieser ganzen Entwicklung die allgemeine Tendenz der öffentlichen Meinung gegen die Wissenschaften parallel, die anti-intellektuelle Elemente in sich hat. Als Folge davon gibt es jetzt sogar Vorschläge, daß gewisse Zweige der Forschung mit einem Stopp belegt werden sollten. Diese anti-wissenschaftliche Einstellung ist wahrscheinlich eine Folge einer verbreiteten Enttäuschung von hochgespannten Erwartungen über die Fortschritte der Wissenschaft. Und sie hat vielleicht auch zu tun mit dem zunehmenden Gebrauch von Drogen in der westlichen Welt.

Die „Drogenkultur" hat tatsächlich erst ein deutliches Licht auf den dramatischen Effekt von Chemikalien auf das Hirn geworfen, sie hat gezeigt, wie die Chemie die Tore der Wahrnehmung öffnen und die Tore der Realität schließen kann. Heutzutage weiß jedermann über die Gefahren des unkontrollierten Drogengebrauchs, dem unvermeidlich eine Welle von Verbrechen und Elend folgt.

Aber wir dürfen doch nicht vergessen, daß durch den Gebrauch von Drogen schließlich auch Schmerz gelindert, Angst vermindert, Schlaflosigkeit behoben wird, daß gewalttätige Geisteskranke zur Ruhe gebracht werden können und daß man die Konzentrationsfähigkeit von alten Leuten damit teilweise wiederherstellen kann. Am Ende der ersten Dekade des Wissenschaftszweiges Psychopharmakologie, der eine Verbindung von pharmakologischer Chemie und Verhaltensforschung ist, liegen bemerkenswerte Möglichkeiten vor uns. Hierzu gehören nicht nur die neuen Sedativa und die Stimulantien, sondern auch Arzneien, die Aggression unterdrücken, Furcht vermindern und vielleicht sogar bestimmte Funktionen des Gehirns verbessern können, wie etwa die Fähigkeit zu lernen und Fähigkeiten des Gedächtnisses. Aber diese Wirkungen sind noch weit davon entfernt, die höheren und komplexeren Funktionen des Gehirns zu beeinflussen.

Es scheint mir höchst unwahrscheinlich, daß Drogen allein jemals dazu ausreichen werden, den Verstand der Menschen umzukehren und ihn zu Äußerungen, die im Widerspruch zu ihrer Überzeugung stehen, zu veranlassen. Man kennt das Phänomen der Gehirnwäsche, bei der sicherlich auch Drogen als Hilfsmittel benutzt werden. Aber diese Prozedur erfordert als wesentlichen Bestandteil eine personale Beziehung zwischen zwei Menschen, dem Inquisitor und dem Opfer. Eine erfolgreiche Gehirnwäsche kann niemals durch eine Kapsel oder durch eine Spritze allein erreicht werden.

Viele Jahre lang gab es kaum ein Gespräch zwischen den Naturwissenschaftlern, z.B. Chemikern und Psychologen und Psychiatern, die sich mit dem Problem des Verstandes, des Gehirns auseinandersetzten. Das ist eine merkwürdige Unterlassung, denn selbst FREUD glaubte eine Zeitlang an mögliche biochemische Ursachen von Psychosen oder anderen abnormalen geistigen Zuständen. Fälschlicherweise zogen die Psychologen, die sich später mit der Psychologie des Menschen befaßten, nur die Wechselbeziehungen des Menschen mit seiner Umgebung einschließlich Familie und

Mitmenschen in Betracht, ignorierten jedoch die molekularen Aspekte der Gehirnvorgänge völlig. Andererseits konnten die Chemiker wenig mit den frühen Theorien der Psychologen über die Hirntätigkeit anfangen, über Emotionen, über Motivationen, die auf kaum verständlichen Konzepten beruhten. Die Trennung zwischen exakten Naturwissenschaftlern und Psychologen ist erst kürzlich überbrückt worden, und heute ist ein neuer, interdisziplinärer Wissenschaftszweig entstanden. Aber das lange gegenseitige Desinteresse hat doch viel Verwirrung geschaffen. Zu dieser Verwirrung trug noch bei, daß die Öffentlichkeit glaubte, die Psychopharmaka wären in gewisser Weise mit den Vitamintabletten zu vergleichen und deshalb nicht grundsätzlich schädlich, eine Naivität, die erst kürzlich durch die weithin bekannt gewordenen schädlichen Wirkungen der Halluzinogene erschüttert wurde.

Auf der anderen Seite war die Vorstellung von in das Hirn eingepflanzten Elektroden von vornherein erschreckend und rief von Beginn an eine scharfe Gegenreaktion hervor. Warum eigentlich kam es zu dieser generellen natürlichen Ablehnung von Experimenten der elektrischen Anregung bestimmter Hirnstellen, da doch dieser elektrische Reiz auch nur die chemische Umgebung in gut definierten Regionen des Gehirns ändert? Aber der Anblick eines Affen oder einer Katze mit Elektroden, die aus dem Schädel herausragen, ist eben furchterregend. Das kommt vielleicht von der jahrelangen Berieselung mit Romanen und Filmen über Roboter und wahnsinnige Forscher. Oder stammt diese Ablehnung aus einer angeborenen, tiefen Furcht, das Gehirn anzurühren, indem man einen Teil seiner Funktionen durch Drähte aus dem Schädel herausverlegt? Vielleicht gibt es ein angeborenes Gefühl für die extreme Verletzbarkeit, für das Schutzbedürfnis der innersten Gedanken und Gefühle, und dieses Gefühl wird durch den Anblick von Elektroden verletzt.

Was immer der Ursprung dieser Aversion ist, die Möglichkeit der Kontrolle des Gehirns durch elektrische Reizung ist eine Angelegenheit geworden, mit der sich die Öffentlichkeit beschäftigt. Der Widerstand gegen dieses Verfahren ist noch dadurch erhöht worden, daß man in Tieren Wutanfälle durch Elektroden erzeugen kann, daß OLDS und MILNER ihre Versuchstiere dazu bringen konnten, zu essen ohne hungrig zu sein, zu trinken, ohne durstig zu sein, und daß Versuchstiere und sogar Menschen ein undefinierbares Wohlgefühl verspüren, wenn das mediale Vorderhirnbündel erregt wird.

Schließlich gibt es auch das dramatische Experiment von JOSÉ DELGADO von der Yale Universität. Danach kann man durch fernkontrollierte elektrische Reizung des Gehirns Furcht, Aggression oder auch Umstufung der sozialen Stufenleiter bei Tieren hervorrufen. Aber DELGADO selbst hat in seinem kürzlich erschienenen Buch „The Physical Control of the Mind" deutlich die Grenzen dieser Technik aufgezeigt. Er schreibt, die elektrische Reizung des Gehirns sei unspezifisch, und diese Monotonie mache es für alle Zeit unmöglich, daß ein Forscher sein Subjekt auf ein bestimmtes Ziel lenken und es dazu bringen könne, wie ein Roboter irgendeine komplexe Aufgabe durchzuführen. Die Bewegung eines Beines, das Zittern, das Erinnern von vergangenen Dingen, sogar Gelächter und Ehrgeiz können durch Stimulierung von Ferne kontrolliert werden. Aber er sagt: „Die Sprache, die Kultur, die Identität der Person und der freie Wille sind wahrscheinlich jenseits der theoretischen und praktischen Möglichkeiten der elektrischen Stimulierung des Gehirns. Wir können keine politische Ideologie modifizieren, keine Historie, keine nationalen Zugehörigkeitsgefühle dadurch ändern, daß wir irgendwelche geheimen Regionen des Gehirns kitzeln". Eine fundamentale Änderung des menschlichen Geistes durch chemische oder elektrochemische Methoden erscheint unmöglich.

Ich möchte mich nun einem anderen Gebiet zuwenden. In letzter Zeit hat man sich zunehmend Sorge darüber gemacht, daß, nachdem Herzen erfolgreich transplantiert werden konnten, nun auch die Verpflanzung des menschlichen Gehirns möglich werde (s. auch S. 23). Man hat mit einfachen Tieren tatsächlich derartige Experimente durchgeführt, besonders mit den Tierarten, bei denen es eine intensive Regeneration des Zentralnervensystems gibt und gleichzeitig die Abstoßung von fremdem Gewebe minimal ist. Am Weizmann-Institut in Rehovot sind einige Experimente an Amphibien und parthenogenen Fischen durchgeführt worden. Man hat hier eine von den Säugetierhirnen völlig verschiedene Situation. Bei den Säugetieren hat man es mit enorm komplexen Gehirnen zu tun, mit immunchemischem Gewebeschutz und nur geringer Regenerationsfähigkeit des Nervengewebes. Es ist äußerst zweifelhaft, ob ähnliche Experimente jemals mit Teilen des menschlichen Gehirns durchführbar werden.

Ein anderes Gebiet, bei dem die Furcht der Öffentlichkeit durch große Publizität ausgelöst worden ist, sind die Erfolge von B. F. SKINNER bei seinen Konditionierungsexperimenten. Bekanntlich kann man mit Hilfe von ausgeklügelten technischen Kontrollsystemen und unter Benutzung von speziell entworfenen Käfigen das Verhalten von Tieren nach einem gegebenen Fahrplan allmählich ändern, wobei das Prinzip von Belohnung und Strafe ausgenützt wird. Das ist aufsehenerregend: Ratten, Tauben oder Affen können so konditioniert werden, daß sie auf Hebel drücken oder Knöpfe picken, um Körner oder Futter zu bekommen oder um elektrischen Schock vom Boden des Käfigs zu vermeiden; sie lernen Tätigkeiten, die sie niemals in ihrer natürlichen Umgebung ausüben würden.

Das hat natürlich zu Spekulationen über die Möglichkeit der Konditionierung von Menschen geführt, zu der Frage, ob ihr Verhalten durch ähnliche Manipulationen von Lohn und Strafe geändert werden könne. Tatsächlich sind Versuche gemacht worden, z.B. Menschen durch gelegentliche elektrische Schocks das Rauchen abzugewöhnen oder sexuell Abwegige durch solche Konditionierungsmethoden zu rehabilitieren. Man hat sogar mit freiwilligen Versuchspersonen herausgefunden, daß die Herzfrequenz, der α-Rhythmus des Gehirns oder der Schlafrhythmus geändert werden können. Dies alles sind Grundfunktionen, von denen man bisher glaubte, daß sie außerhalb der menschlichen Kontrolle lägen. Ich möchte aber betonen, daß diese Konditionierungsexperimente ausgeklügelte Instrumente erfordern und nur dann möglich sind, wenn man von Anfang an die Kooperation des menschlichen Versuchsobjektes hat. Die hohe Komplexität, Variabilität und Unabhängigkeit des menschlichen Geistes sind, glaube ich, genügende Garantien gegen eine Massenkonditionierung durch Diktatoren oder Wahnsinnige.

Das führt uns zu der damit zusammenhängenden Sorge vor der Kontrolle und der Manipulation durch bestimmte Massenmedien mit Hilfe der Macht des Wortes oder Bildes und der bekannten Wirkung von Wiederholungen und Übertreibungen. PERRY LONDON, ein Professor für Psychiatrie und Psychologie, sagt in seinem Buch „Behavior Control": „Schon mit Eva und der Schlange begann das erste verhängnisvolle Gespräch; die Weitergabe von selektierter Information ist seitdem das wichtigste Mittel geblieben, mit dem sich Menschen gegenseitig manipulieren". Er zählt dann auf: Erziehung, Gebet, Rhetorik, Propaganda, Demagogie, romantische Absonderung und Reklame als typische Möglichkeiten zum Zwecke dieser Manipulation. Sie alle sind Vorläufer einer Technologie, die er ‚Kontrolle durch Information' nennt.

Vielleicht der bedeutendste Fortschritt, den man der Grundlagenforschung über das Gehirn verdankt, ist der Beginn des Verständnisses mancher geistiger Störungen, mancher Hirnkrankheiten und des Phänomens Schmerz. Man hat herausgefunden, daß viele dieser Krankheiten auf defekten Genen beruhen, fehlenden Enzymen oder blockierten Stoffwechselschritten. Nachdem jetzt manche dieser Prozesse verstanden werden, kann man Wege finden, um Hirnschädigungen zu vermeiden, indem man eine bestimmte Diät verabreicht oder spezifische Arzneimittel anwendet.

Sogar die Behebung des Schmerzes ist schließlich als Forschungsobjekt in Angriff genommen worden, und neue Therapien wurden vorgeschlagen, z.B. die Elektroanalgesie (elektrische Behandlung des Rückenmarks) von RON MELZAK an der McGill-Universität oder die wissenschaftliche Anwendung der Hypnose, die ERNEST HILGARD in Stanford näher studiert hat, oder der klinische Gebrauch der alten chinesischen Kunst der Akupunktur, in der Metallnadeln offensichtlich Schmerzen in wachen Patienten vollständig beheben.

Bei der Behandlung mancher Krankheiten hat sich die interessante Möglichkeit der Herstellung von direkten elektrischen Verbindungen spezifischer Nervenzellen mit externen Empfängern für Schall oder Licht ergeben. Diese technischen Vorrichtungen, die einen Sinneseindruck in einen elektrischen Impuls verwandeln können, mögen vielleicht eines Tages dabei helfen, Blinde sehen und Taube hören zu machen, freilich ohne Augen und Ohren.

Die letzte Grenze in der Psychobiologie wird die sein, ein volles

Verständnis von der Arbeitsweise des Gehirns selbst zu bekommen, eines Organs, das beim Erwachsenen weniger als 1,5 kg wiegt und dabei ein Viertel allen Sauerstoffs verbraucht, den Lungen und Herz zur Verfügung stellen. Der Energiedurchsatz des Gehirns wird auf weniger als der einer 25-W-Birne geschätzt, und dennoch ist dieses Hirn das Kontrollzentrum von nahezu allen Funktionen des Körpers, den instinktiven und den erlernten.

Im Gegensatz zu vielen anderen Organen arbeiten die meisten der Milliarden von Nervenzellen unabhängig voneinander. Sie senden Impulse aus und laden sich spontan wieder auf, sie sortieren, speichern und geben Informationen ständig wieder. Man schätzt, daß es heute auf der Welt 200 Millionen Telefone gibt, aber es gibt mehr als 1 Million mal mehr synaptische Verbindungen in einem einzigen menschlichen Gehirn. Wenn man das wachsende Chaos vieler Telefonsysteme verfolgt, dann kann man einen Begriff davon bekommen, was für Probleme vor uns liegen, wenn wir Hirnforschung treiben, und warum der Fortschritt in diesem Gebiet so mühsam und langsam ist.

Um herauszubekommen, was für Veränderungen im menschlichen Gehirn vor sich gehen, muß man immer feinere chemische und elektrochemische Analysemethoden verwenden. Man kann heute bereits die elektrische Impedanz, die Sauerstoffspannung oder die Radioaktivität in kleinsten Hirnregionen messen. Wenn man derartige Sonden direkt mit schnellen Computern verbindet, ist es möglich, die elektrischen und chemischen Veränderungen im Zentralnervensystem mit dessen geistiger Tätigkeit zu korrelieren. Auf diese Weise könnte man die Rolle und Arbeitsweise jedes Neurons oder jeder Zellgruppe herausfinden und dadurch ein richtigeres Modell für die Wirkungsweise des Gehirns gewinnen. Das könnte auf vielen Gebieten Früchte tragen. Ich denke hier an die Erziehung, wo man neue Methoden der schnellen Aufnahme von großen Mengen von Information, bei der heutzutage die Geschwindigkeit der begrenzende Faktor ist, erreichen könnte. Oder an die Tatsache, daß Kinder in bestimmtem Alter leichter lernen. Die vielen Möglichkeiten, dem Geist weitere Bereiche zu erschließen, das Gedächtnis zu erweitern, Entscheidungen zu fällen und die Phantasie zu beflügeln, sind jetzt nicht mehr so theoretisch, wie noch vor einigen Jahren, als man die direkte Wechselwirkung zwischen Mensch und Rechenmaschine noch nicht kannte.

Dieses sind einige wenige Möglichkeiten, die vor uns liegen. Es gibt natürlich auch große Gefahren: unverantwortliches Experimentieren an einzelnen Menschen oder Versuche, ganze Bevölkerungsgruppen durch Selektivinformationen zu kontrollieren. Aber das sind mehr oder weniger die gleichen Gefahren, denen auch andere Disziplinen gegenüberstehen, wie etwa die Genetik oder die Kernphysik.

Ich habe hier versucht, einige Probleme und Aufgaben der Hirnforschung zu umreißen. Ein solches Forschungsgebiet kann und sollte nicht gestoppt werden. Ich möchte mich gegen ein Moratorium sehr stark machen. Ich glaube nicht einmal, daß ein solches möglich ist. Außer den positiven Möglichkeiten dieser Forschung, die ich angedeutet habe, steht vor uns eben die einzigartige intellektuelle Aufgabe, das Hirn selbst zu verstehen, seine Arbeitsweise, seine Speicherfähigkeit, seine Wiedergabe von Informationen, die Probleme der Einsicht in Kreativität und Träume. Ich habe versucht zu zeigen, daß dieser Forschungszweig nicht ohne Gefahren ist, sowohl in bezug auf das Einzelwesen als auch für die Gesellschaft. Niemand kann sagen, welche neuen Konzepte oder technischen Möglichkeiten in den nächsten Jahren entdeckt werden, die unsere Forschung über das Gehirn radikal ändern könnten. Aber wir können bereits jetzt die Hauptlinien voraussehen, auf denen die wesentlichen Fortschritte gemacht werden. Ich glaube, es ist die Pflicht des Forschers, nicht nur selbst herauszufinden, was möglich und was nicht möglich ist, sondern auch der Öffentlichkeit diese Kenntnis zugänglich zu machen. Ich schlage deshalb vor, den Umfang und die Möglichkeiten der Forschung in Psychopharmakologie, in der elektrischen Reizung des Gehirns, in der Konditionierung und in der Hirn-Computer-Interaktion von internationalen Expertenteams untersuchen zu lassen. Das ist keine einfache Aufgabe, und es ist unwahrscheinlich, daß die Meinung in solchen Gremien einstimmig sein wird, aber wir werden dann wenigstens die bestmögliche Begutachtung über den gegenwärtigen Stand der Wissenschaft und über die wahrscheinlichen Trends in der näheren Zukunft zur Verfügung haben. Auf der Grundlage dieser Studie sollte ein Kodex ausgearbeitet werden, der die Leitlinien für die Zukunft festlegt, ein Kodex, der für die Hirnforscher verpflichtend ist. Dieser sollte sich mit der Ethik bei Experimenten mit freiwilligen Versuchspersonen befassen, insbesondere bei Laboratoriumsstudien über soziale und psychologische Pressionen, die dem Gehirn ebenso schädlich sein können wie Drogen. Er sollte sich ferner mit dem erlaubten Ausmaß von Versuchen mit Chemikalien befassen, die die Personalität berühren, und er sollte sich mit den moralischen Aspekten der Transplantation von Teilen des Gehirns befassen und des „Wieder-ins-Leben-Zurückrufens" von Patienten mit schweren Hirnschädigungen.

Dieser Kodex, der dem hippokratischen Eid und seinen Varianten entspricht, die heute in den medizinischen Berufen und in der Erhaltung des Lebens gelten, müßte garantieren, daß bei der schrittweisen Erforschung der Geheimnisse des menschlichen Gehirns die Heiligkeit, die Unverletzlichkeit und die Individualität des menschlichen Geistes erhalten bleiben.

Wissen ist Macht

Archimedes, so wird berichtet, verlor sein Leben durch das Schwert eines Legionärs, der die geometrischen Zeichnungen des Gelehrten verwüstete. Offenbar war Archimedes die Mathematik wichtiger als sein Leben. Immerhin hat er aber auch für seinen Tyrannen raffinierte und offenbar höchst wirksame Verteidigungsmaschinen konstruiert.

Der biblische Josef hatte offensichtlich ein gutes Gespür und ein für seine Zeit ungewöhnliches Wissen über wirtschaftliche Zusammenhänge. Wir würden ihn heute einen hervorragenden Nationalökonomen nennen. Deshalb konnte er seinen Herrscher ausgezeichnet beraten und seinem neuen Heimatlande zu großer Macht verhelfen.

In früheren Zeiten waren das Einzelfälle. Die Macht lag beim Herrscher, der sich meist herzlich wenig um seine Philosophen und Berater kümmerte und seine Entscheidungen eher nach Traditionen, Emotionen oder von Orakeln bestimmen ließ. Die letzte Instanz war der große Schlachtenlenker, ein allmächtiger Gott.

Seit der Aufklärung versucht der Mensch seine Entscheidungen vernünftig, d.h. aus der Argumentation seines eigenen Verstandes zu begründen. Er bedient sich dabei des mächtigen Instrumentes der abstrahierenden Naturwissenschaft, die jede Erscheinung auf ihren objektivierbaren Kern zurückführt. Metaphysik wird gewissermaßen aus dem Bereich der menschlichen Handlungen ausgeschieden. Hier gilt nur noch Physik. Zwar kann man noch weiterhin über Metaphysik, Religion und Werte nachdenken, das menschliche Handeln und die faßbare menschliche Existenz spielen sich jedoch im Bereich der Physik, der Natur ab. Dann wird Macht eben auch nicht mehr „von oben" verliehen durch traditionell gefestigte, metaphysische Autoritäten; nein, der Mensch schafft sich seine eigene

Machtsphäre mit Hilfe der von ihm beherrschten Natur. So wird Wissen mit Macht identisch. Aus der Kenntnis der Natur und ihrer Gesetze, aus der Kenntnis der Zusammensetzung der Stoffe ergeben sich technische Machtmittel von bisher ungekanntem Ausmaß. Wer darf über diese Macht und über den Machtzuwachs verfügen? Der Wissenschaftler, der dieses Wissen verwaltet, der Politiker, der nach Herkunft und möglicherweise Ausbildung zur Ausübung von Macht berufen ist?

Forschung und die Verantwortung des Wissenschaftlers in unserer Gesellschaft

JEAN-JACQUES SALOMON

Es hat seit jeher einen Einfluß der Wissenschaft auf die Gesellschaft gegeben und zwar auch schon zu den Zeiten als die Wissenschaften noch nicht in der heutigen Form existierten. Damals war es die Philosophie, die Wissenschaft von den Wissenschaften, die diesen Einfluß ausübte. Wissen ist immer an das jeweilige gesellschaftliche System gebunden, in welchem es sich entwickelt hat und das es umgekehrt mitformt. Ist unsere Situation denn wirklich so neuartig? Ist in der Zwischenzeit etwas geschehen, was der Beziehung zwischen unserem Wissen und den Menschen einen neuen Rang oder eine neue Bedeutung geben könnte? Früher konnte man vielleicht sagen, daß Forschung sich außerhalb der Geschichte befände, ewig geschützt im Elfenbeinturm, unschuldig und rein wie ein neugeborenes Kind. Aber ist das heute auch noch so?

In den USA ist die Diskussion über die Frage längst im Gang. Aber auch hier in Europa stellen junge Forscher jetzt ihren Standpunkt in Frage und sind keineswegs davon überzeugt, daß Naturwissenschaften der besten aller möglichen Welten zum Vorteil gereichen.

Zweifellos konnte man zu Zeiten der alten Griechen, bevor sich Naturforschung bewährt hatte, skeptisch sein. Heute, nachdem sich die Naturwissenschaften in einem Umfang manifestiert haben, der jenseits der Träume von BACON, DESCARTES oder NEWTON liegt, scheint aller Skeptizismus beseitigt zu sein. Aber dennoch finden wir in der Öffentlichkeit, bei jungen Menschen und sogar bei Wissenschaftlern selbst die Meinung, daß die Naturwissenschaften den Nihilismus ausbrüten und fördern.

Die Naturwissenschaften haben die Erwartungen über ihre nützliche Anwendung in so hohem Maße erfüllt, daß man sich jetzt schließlich fragt, wohin das noch alles führen könnte. Die Naturwissenschaften sind nicht nur ein Gegenstand der Politik geworden, sondern viele Menschen betrachten sie geradezu als einen Verbündeten schlechter Politik. Einige Forscher meinen, daß sie selbst eher zum Übel in der Welt beitragen und daß sie nicht mehr länger notwendige Instrumente des Fortschrittes und Glückes seien.

Am Ende seines Buches über die Geschichte der Beziehung zwischen Wissenschaft und Staat in den Vereinigten Staaten schrieb A. HUNTER DUPRÉE 1957: „Das mächtige Gebäude der staatlich gelenkten Forschung beherrschte die Szene in der Mitte des 20. Jahrhunderts vergleichbar einer gotischen Kathedrale, wie sie im 13. Jahrhundert weithin die Landschaft beherrschte. Die Arbeit von vielen Händen über viele Jahre rief allgemein Bewunderung, aber auch Nachdenklichkeit und Furcht hervor". Gerade in den Vereinigten Staaten haben die Naturwissenschaften die eindrucksvollsten Kathedralen errichtet, sie haben die größte Unterstützung durch die Gläubigen erhalten, und die Wissenschaft hat dort die höchste Überzeugungskraft besessen. Und alle Industrieländer haben seit dem Zweiten Weltkrieg ähnliche Tempel mit ähnlichen Absichten errichtet.

Diese Denkmäler der Wissenschaft waren vielleicht nicht immer die größten der Welt, aber sie waren dennoch weitläufiger als irgendetwas, was in dieser Hinsicht vorher errichtet worden war, größer im Ausmaß der Gebäude, der Zahl der Forscher, der Größe und Vielseitigkeit der Einrichtung, der Menge Geld, die investiert wurde. Sie wurden der Öffentlichkeit rasch durch die spektakulären Resultate bekannt, die sie in kurzer Zeit erzielten. Dank der Naturwissenschaften schien alles möglich. Mag sein, daß der Rauchpilz von Hiroshima kurzfristig Bedenken hervorrief. Im Jahre 1956 sagte OPPENHEIMER einem Besucher: „Wir haben die Arbeit des Teufels verrichtet. Nun müssen wir wieder zu vernünftiger Arbeit zurückkehren, d. h. wir müssen uns jetzt ausschließlich der Grundlagenforschung widmen".

Aber dennoch zeigt der Dom der Wissenschaft nach einem Zeitraum zehnjährigen ungeahnten Wachstums überall Risse, und es scheint so, daß die Grundfesten, auf denen dieser Bau errichtet wurde, erschüttert sind. Nach der Begeisterung folgt die Ernüchterung. Die wissenschaftliche Forschung befindet sich unter allseitigem Beschuß, und sie wird angeklagt, sich mit den Kriegsmächten verbündet zu haben oder die natürliche Umwelt und die soziale Struktur zerstört zu haben. Wissenschaft wird von rechts als ein teurer Zeitvertreib einer weltfernen Elite angesehen, die sich wenig um wirtschaftlichen Nutzen oder industrielle Verwertbarkeit kümmert; von links wird sie der Zusammenarbeit mit Militärmächten und Industrie beschuldigt und als ein kostspieliges Instrument bezeichnet, das nicht für die Behebung der wirklichen Nöte der Gesellschaft verwendet werde und eher imaginäre Bedürfnisse geschaffen als wirkliche Bedürfnisse befriedigt habe.

Unsere technische Zivilisation hat sich dadurch entwickelt, daß wir glaubten, die Vermehrung des Wissens sei in sich selbst gut, weil Wissen befreit und im tiefsten Inneren zum Guten der Menschheit beiträgt.

Aber der Triumph der Rationalität schaffte sich seine Selbstrechtfertigung. Vernunft diente schließlich dazu, das Irrationale zu begründen. Die atomaren Entdeckungen haben uns in das Gleichgewicht des Schreckens geführt. Die Eskalation militärischer Macht vergrößert die Bedrohungen zu planetarer Größenordnung, weit davon entfernt, die Sicherheit zu vergrößern. Die Entdeckungen der molekularen Biologie eröffnen die Möglichkeiten, Erbeigenschaften zu manipulieren. Menschen spazieren auf dem Mond und kommen von dort zurück, nur um festzustellen, daß die Probleme auf der Erde immer noch riesig groß sind und daß das Ungleichgewicht zunimmt. Zwei Drittel der Menschheit muß im unterentwickelten Zustand leben und verfügt über weniger als ein Zwanzigstel der Weltbevölkerung an Wissenschaftlern und Ingenieuren. Und diese weniger begünstigten Menschen träumen von Fabrikschornsteinen, dicht besetzten Autobahnen und Fließband-Städten, während auf der anderen Seite die hochentwickelten Nationen in ihrer Verunsicherung von einem Moratorium für Forschung und von einer Rückkehr zu der idyllischen Natur des Rousseauschen Menschen im vorwissenschaftlichen Zeitalter sprechen.

Was ist denn passiert, daß gerade diejenige Institution in Verruf geraten ist, die in eindeutigster Weise die Rationalität des Westens verkörpert? Warum ist Wissenschaft so politisiert worden? Bisher ist die Politik eine Aufgabe für Wissenschaftler gewesen, z.B. für die Historiker, aber die Wissenschaft war niemals ein Problem für Politiker. Was hat zu diesen Schwierigkeiten geführt, zu diesen Spannungen und Konflikten, die heutzutage die Beziehung zwischen Wissenschaft und Gesellschaft charakterisieren? Es wäre jedenfalls ebenso absurd, die Forschung für ihre Schöpfungen verantwortlich zu machen, wie es absurd wäre, von der Wissenschaft alleine die Lösung der heutigen und künftigen Probleme zu verlangen.

Ein Moratorium für unser Wissen ist natürlich unsinnig; Naturwissenschaften haben ihre Geschichte, und Geschichte kann man nicht aufhalten. Das Beispiel des Überschallflugzeuges zeigt, daß eine Gesellschaft bestimmte Technologien in Frage stellen und Prioritäten setzen kann. Aber es ist ein großer Unterschied zwischen dem Moratorium, das NEWTON gegenüber BOYLE vorgeschlagen hat, und dem Verlangen, Forschung auf bestimmte Ziele zu lenken, die mit den Wünschen der Gesellschaft im Einklang stehen. Forschung ist heute eine politische Angelegenheit geworden, mögen die Forscher das für gut halten oder nicht.

Das, was man gemeinhin als die Ideologie der Wissenschaft bezeichnet, stuft Naturwissenschaften und Politik in verschiedene Kategorien. Die Äußerungen der Naturwissenschaften sind neutral. Die Neutralität wird durch die Objektivität der Methode garantiert. Die Grundvoraussetzungen sind strenge Beobachtung von Fakten, Respekt vor Beweisen. Nichts ist der Naturwissenschaft fremder als jener marktschreierische Lärm der Politik. Der Kampf gegen Autorität — religiöse, wirtschaftliche oder politische — ist ebenso ein Teil der Geschichte der Naturwissenschaften wie ihre Theorien und Entdeckungen. In der Morgendämmerung der modernen Wissenschaften, als FRANCIS BACON das Axiom „Wissen ist Macht" verkündete, hat er unterlassen zu sagen, was für Schwierigkeiten die Verknüpfung von Wissen und Macht mit sich bringen könne. Es mag eine bewußte Unterlassung von BACON gewesen sein, denn als erster Apostel einer neuen Naturwissenschaft mußte er erst deren Legitimität beweisen und durfte die schwierigen und problematischen Aspekte seines Konzepts nicht zu deutlich betonen. Er stellte die neue Wissenschaft als ein Instrument dar, das immer noch den Aufgaben der traditionellen Kulturauffassung, die durch die Alte

Welt inspiriert war, unterzuordnen sei. Im wesentlichen war für ihn Naturwissenschaft ein ethisch neutrales Werkzeug, was man zum Guten oder zum Schlechten verwenden könne.

Wenn man genauer zusieht, bemerkt man, daß auch schon BACON voraussah, daß Wissen, wenn es Macht erhält, Probleme aufwerfen kann. Man muß nur sein „New Atlantis" lesen, um das sofort zu bemerken. Dort hören wir z. B., daß sich die Forscher das Recht vorbehalten, ihre Entdeckungen entweder dem Staat bekannt zu machen oder sie geheim zu halten. Aber BACON stellte nicht in Frage, was geschehen würde, wenn der Staat seinerseits Entdeckungen für so wichtig ansähe, daß er sie geheimhielte, und wenn er die Naturwissenschaften für zu wichtig erachtete, um sie noch zur freien Verfügung der Forscher zu lassen.

Im 18. Jahrhundert wären solche Fragen tatsächlich absurd gewesen. Das Credo der Wissenschaft ist in der Charta der Royal Society niedergelegt, die als ihre Aufgabe festsetzt: Vollendung unseres Wissens über die Natur und über alle nutzbringenden Wissenschaften. Man solle sich dagegen nicht herumplagen mit „Rhetorik, Metaphysik, Moral, Politik usw.". Politik wird ausdrücklich ausgeschlossen, weil sie nicht mit wissenschaftlichen Mitteln bearbeitbar ist. Aber durch die Verknüpfung von Wissen mit Macht kommt die Politik eben wieder mit ins Spiel.

Der zunächst unpolitische Charakter der wissenschaftlichen Methode schließt allerdings ein Bündnis mit dem Staat nicht aus, durch das die wissenschaftlichen Organisationen vom Staat geschützt und unterstützt werden, aber natürlich unter der Bedingung ihrer Unabhängigkeit. Dadurch wird eine Spannung erzeugt, es hängt eine Bedrohung über der Autonomie der Wissenschaft, weil sie von den Einrichtungen des Staates abhängig wird. Aber dieser Spannungszustand war bis zu Beginn dieses Jahrhunderts aus zwei Gründen keine ernsthafte Bedrohung. Erstens war wenig staatliche Unterstützung für die Forschung nötig, und zweitens hatten die Wissenschaften fast keinen Einfluß auf die Gesellschaft.

Heutzutage ist diese Spannung dramatisch geworden. Die Wissenschaft möchte sich auf die reine Grundlagenforschung zurückziehen, aber zu gleicher Zeit ist sie eine gesellschaftliche Einrichtung geworden, und solche Einrichtungen sind notwendigerweise nicht durch reine Vernunft lenkbar. In den Augen der Regierungen ist Forschung eine nationale Aufgabe, ein entscheidender Faktor im Gleichgewicht der Kräfte und ein unabdingbares Werkzeug in der Durchführung der Regierungsaufgaben selbst. Die Wissenschaftler können nicht länger den Standpunkt aufrecht erhalten, der politische Gebrauch ihrer Entdeckungen interessiere sie nicht.

Bis vor kurzem gab sich die militärische Forschung damit zufrieden, zivile Technologien den Bedürfnissen des Krieges anzupassen. Während des Zweiten Weltkrieges wurde jedoch die Forschung zum ersten Male zum Ausgangspunkt gänzlich neuer Technologien, die nicht nur für den Verlauf des kriegerischen Konflikts entscheidend sein konnten, sondern auch für die ganze Nachkriegsperiode. Der Staat konnte deshalb die Forschung nicht sich selbst überlassen. Im Gegenteil, es wurden ganz bestimmte Entdeckungen und Erfindungen beschleunigt vorangetrieben. Und die Forschung, die für den Krieg mobilisiert worden war, ist jetzt 30 Jahre nach Kriegsende, noch immer mobilisiert. Die Mobilisierung der Wissenschaft bedingt eine ständige Anpassung an die jeweiligen Erfordernisse. Wissenschaftliche Forschung wird organisiert, koordiniert und von Regierungen geplant. Aus diesem Grunde ist die Rückkehr zum Dienste an der hehren, reinen Forschung, von der OPPENHEIMER träumte, eine Wunschvorstellung, ein Heimweh nach der guten alten Zeit. Die Geschichte ist in die Stille der Laboratorien eingebrochen, und dort wird sie bleiben.

Die Regierungen können nicht länger ohne Forschung auskommen, wenn sie alle Bedürfnisse befriedigen wollen, die vergrößert, vervielfacht worden sind und die zum Teil erst durch die Entwicklung der wissenschaftlichen Technik geschaffen wurden. Die Politiker müssen notgedrungen Wissenschaftler als Berater, Beamte, Diplomaten oder Strategen in die Planung oder Durchführung ihrer Politik einschalten. Wenn die Wissenschaft sich ihrerseits in den inneren Bereich der Politik festsetzt, dann deshalb, weil sie eben ohne den Staat nicht auskommen kann.

Es gibt keine Mäzene oder private Stiftungen mehr, die die für die Forschung notwendigen Kapitalinvestitionen aufbringen könnten, die nach Lage der Dinge fast unbegrenzt sind. Die Änderung aller Maßstäbe, die im Zweiten Weltkrieg begann, hat die Wissenschaft in eine Lage versetzt, in der sie mehr und mehr von den Regierungen abhängig wird. Wissenschaftspolitik ist nicht mehr zu trennen von Politik mit Hilfe der Wissenschaften.

Ein Zeitalter der Wissenschaft, klassisch im dem Sinne, daß seine Werte sich ausschließlich auf eine reine objektive Wahrheit beziehen, ist dadurch zu Ende gegangen, daß Wissenschaft so rasch ihre Anwendung findet. Das wird nun so bleiben. Und Wissenschaft ist nicht etwa billiger geworden dadurch, daß sie an das industrielle System angeschlossen wurde. Überfluß hat Organisation, Programmentwicklung und Planung zur Folge. Der quantitative Wechsel, dem Forschung seit dem Zweiten Weltkrieg unterworfen war, hat auch seine qualitative Seite. Wissenschaft war früher die ideale kulturelle Bestätigung einer kleinen Elite. Jetzt ist sie ein Massenberuf. Forschung, eine Quelle von rasch auszubeutenden Entdeckungen, bildet einen wesentlichen Bestandteil des Produktionssystems. In den Augen einiger Forscher nimmt sich das als ein Betrug aus, als eine Prostitution der Naturwissenschaften, da sie sich eben nur mit dem Entdecken der Wahrheit befassen sollen. Der Aspekt der Nützlichkeit, unter dem die Wissenschaften so aufgeblüht sind, führt zu faulen Kompromissen, zur Entfremdung und schließlich zur Prostituierung der Wissenschaft.

Den Bereich, in welchem die Interessen der Forscher und des Staates untrennbar sind, habe ich einmal „Technonatur" genannt. Warum der Ausdruck Technonatur? Das Wort erinnert nicht zufällig an GALBRAITHS „Technostruktur". GALBRAITH meint damit den Kreis derer, die die notwendige technische Information und das Wissen besitzen, um an den Entscheidungen im modernen Industriestaat teilzunehmen. Dieser Staat wird mit Hilfe von Kapital und Technologie organisiert. GALBRAITH macht jedoch einen Unterschied zwischen der Gruppe der Erzieher und Forscher in einer solchen Gesellschaft und den restlichen Mitgliedern dieser Gesellschaft. Er tut das auf Grund ihrer verschiedenen Motivationen. Forscher streben nicht nach Macht um der Macht willen oder nach Geld um des Geldes willen.

Zwischen den beiden extremen Bildern vom Forscher — idealistischer, freier Forscher einerseits und Mitglied des verteufelten militärisch-industriellen Komplexes andererseits — sollte man doch eine qualifiziertere Differenzierung treffen. Wenn man von einer Verschwörung des militärisch-industriellen Komplexes spricht, meint man doch eine bewußt organisierte Fraktion, die Macht für ihren eigenen Profit erreichen will. Es scheint mir andererseits recht naiv zu glauben, daß die Forscher ein besonderer Menschenschlag seien, der immun gegen die Versuchungen von Macht und Geld ist.

In Wirklichkeit arbeiten die Strukturen der modernen Wissenschaft und des industriellen Systems darauf hin, Wissenschaftler und Politiker zu untrennbaren Partnern zu machen. Man braucht nicht gleich an Verschwörung zu denken, wenn man bemerkt, daß wissenschaftliche Forschung sich nach den Zielen der Regierungen richtet. Und es ist doch eine höchst romantische Ansicht zu glauben, daß Wissenschaftler an dieser Welt weniger interessiert seien als andere Sterbliche. Ohne Zweifel ist die Sucht nach Macht oder Geld nicht ihr Hauptziel, aber selbstverständlich kommt es auch vor, daß sie durch ihre Funktion im Laufe ihrer Karriere Macht und manchmal sogar ein Vermögen erwerben.

Die Atomforschung ist wohl das beste Beispiel für die Macht der Technonatur, durch ein Bündnis von Forschung und Staat völlig neue Situationen zu schaffen. Aber das ist kein Einzelfall. Alle Gebiete der Forschung, von der Atomforschung bis zur Raumfahrt, von den Materialwissenschaften bis zur Biologie, von den theoretischen Berechnungen bis zur Verhaltensforschung liegen im Bereich der Technonatur.

Ich möchte klar aussprechen, daß diese institutionelle Abhängigkeit der Forschung vom Staat allerdings nicht bedeutet, daß staatliche Stellen etwa direkt oder effektiv den Inhalt des wissenschaftlichen Fortschritts bestimmen könnten. Wir sind nicht mehr im Zeitalter eines GALILEI, obwohl es auch jetzt noch vereinzelt solche Fälle geben kann. Ich denke an VAVILOFF, MEDVEDEFF oder AMALRIK. Aber im ganzen ist die Wissenschaft in sich selbst so stark und so gut organisiert und international anerkannt, daß es keine Inquisitionsrichter eines neuen GALILEI geben könnte. In keinem Teil der Welt können Politiker den Wissenschaftlern ihre Methode vorschreiben, die Gesetzmäßigkeiten des Ablaufs, den eigentlichen Inhalt ihrer Forschung. Es liegt nicht in der Macht des

Staates, Inhalt und Methoden der Wissenschaft zu diktieren. Die Straße der Wahrheit ist gegen politische Entscheidungen so immun wie die Wahrheit selbst. Auf dem höchsten Niveau hat Wahrheit ihre eigene Autorität, die nicht durch die Mächte des Staates ins Unrecht gesetzt werden kann.

Freilich kann der staatliche Apparat die Ausübung der Wissenschaft behindern, sie von der öffentlichen Diskussion ausschließen, wissenschaftliche Resultate zu unterdrücken versuchen oder ihre Bedeutung herunter spielen. Aber es gibt keine Beschränkung oder Verfälschung, die anerkannte wissenschaftliche Resultate umstoßen kann. Das kann nur die Autorität der Wissenschaft selbst im Verlauf neuer wissenschaftlicher Entdeckungen. Obwohl der Staat den Forschern nicht vorschreiben kann, *wie* oder *was* sie finden sollten, so kann der Staat doch den Wissenschaftlern bestimmte Gebiete vorschreiben, indem er Mittel und Menschen in einem bevorzugten Gebiet einsetzt. Heutzutage wird die rigorose wissenschaftliche Wahrheit weniger in Frage gestellt als vielmehr die Verfügung über ihre Anwendung. Das Charakteristikum des neuen Verhältnisses zwischen Wissenschaft und Politik besteht darin, daß der mögliche Konflikt heute nicht mehr auf der Ebene der Wahrheit ausgetragen wird, sondern auf der Ebene der Anwendung.

Man kann natürlich sagen, daß auf dieser letzteren Ebene Forschung keine Rechenschaft abzulegen hat. Aber wie kann man dann denjenigen Teil der Forschung getrennt für sich halten, der gegen gesellschaftliche Repressionen immun ist? Die Antwort wäre leicht, wenn man eine genaue Grenze zwischen dem Gebiet der reinen und der angewandten Forschung ziehen könnte. Aber gerade das ist die Schwierigkeit, die durch die Veränderungen in der Struktur der wissenschaftlichen Forschung unüberwindlich geworden ist.

Reine Grundlagenforschung ist heute nur *ein* Element eines komplexen Systems aus vielen Forschungsaktivitäten. Außer bei der reinen Mathematik — und auch das kann man bezweifeln — ist es unmöglich festzustellen, wo die Phase der Grundlagenforschung anfängt oder aufhört. In Wirklichkeit ist heute all unsere Forschung zusammengesetzt aus Grundlagenkonzepten und Anwendungen, aus Theorie und Praxis, aus dem, was BASCHELARD „den arbeitenden Geist und die bearbeitete Materie" nennt.

Im Altertum war die Unterscheidung zwischen Theorie und Praxis ein Gegenstand der Metaphysik. Heute ist sie eine Angelegenheit der Psychosoziologie. Die Motivationen und Absichten des Forschers verlaufen auf einer Trennungslinie, die nur für den Forscher selbst Bedeutung hat. Aus der Sicht der Gesellschaft und des Staates ist diese rein subjektive Grenzlinie kein Privileg für Immunität.

Wissenschaft beansprucht auf Grund ihrer Ideologie die Unabhängigkeit der Forschung, genauso wie der Verbraucher die Rolle des Souveräns in der freien Marktwirtschaft beansprucht. Aber die Praxis sieht anders aus. Die Marktwirtschaft funktioniert eben nicht völlig frei, und die Forschung kann sich nicht unabhängig von sozialen Bedürfnissen und Anforderungen entwickeln. Ob er will oder nicht, der Forscher ergreift Partei, wenn er an einem staatlich finanzierten Forschungsprogramm teilnimmt. Er verläßt das Heiligtum der gelassenen Selbstgewißheit des Forschers und begibt sich in die Unsicherheit des offenen Lebens.

Die neutrale Haltung des Wissenschaftlers lehnt jede Verantwortung für die Resultate der Forschung ab, aber gerade durch diese Resultate legitimiert sich ja die Forschung vor der Gesellschaft. Im Namen einer zweckfreien Forschung leistet die Wissenschaft der modernen Industriegesellschaft alle erforderlichen Dienste. Die Wissenschaft hält sich scheinbar aus den Schicksalsfragen der Nation heraus, aber gerade durch die Forschung werden solche Schicksalsfragen entschieden und die Wissenschaft gewinnt dadurch in den Augen der Öffentlichkeit erst ihren Rang und erhält die notwendige staatliche Förderung.

Die Zeit des ‚laisser faire' im Verhältnis zwischen Forschung und Politik geht zu Ende, und der Forscher geht daraus als ein Zwitter hervor, eine neue Art von politischem Wesen. Die Forscher werden immer ihre politische Verpflichtung leugnen müssen, da sie aus einem unpolitischen Arbeitsbereich hervorgegangen sind. Und dennoch ist die Wissenschaft, wenn man sie als gesellschaftliche Einrichtung betrachtet, keineswegs ein unpolitisches Heiligtum, in dessen Schutz Forscher hoffen oder meinen, den Gang ihrer Forschung selbst bestimmen zu können.

Der Fall OPPENHEIMER zeigt, wie ein Wissenschaftler, der glaubt, wissenschaftlich außerhalb der Politik zu stehen, in der Falle der Verantwortung gefangen werden kann. Der ewige Antagonismus zwischen Wissen und Macht muß dann zu einer persönlichen Entscheidung zwischen dem Verzicht auf staatliche Unterstützung bei der wissenschaftlichen Arbeit oder zu einem Kompromiß führen. Der Wissenschaftler, der sich Gedanken über die Konsequenzen seiner Forschung macht, kann dieser Verantwortung nicht entgehen; er könnte das nur mit der Fiktion, daß der theoretische Teil der Forschung nichts mit ihrem praktischen Teil zu tun habe: „Das geht mich nichts an, das ist Sache der Gesellschaft" wäre dann die bequeme Ausrede, die das Gewissen des Pharisäers, der seine Verantwortung auf andere ablädt, beruhigt.

Wie kann man mit der hier aufgerissenen Problematik fertig werden? Nehmen wir als Beispiel das Weltbevölkerungsproblem. Dieses Problem kann nicht einfach durch die Pille gelöst werden. Die Menschen müssen auch dazu gebracht werden, die Pille zu benutzen, besonders diejenigen Völker, für die Bevölkerungswachstum eine Frage von Leben oder Tod ist. Ähnlich liegen die Dinge bei der Molekularbiologie und der möglichen Genkontrolle. Auch hier kann aus dem wissenschaftlichen Fortschritt Gutes oder Böses kommen. Die Forscher, die auf einem solchen Gebiet arbeiten, würden es sich zu einfach machen, wenn sie einfach die Labortüren hinter sich zumachen und zu ihrem eigenen Vergnügen weiterforschen würden. Sie müssen erkennen, daß gerade sie durch ihre Forschung zu gleicher Zeit Produzenten und Verbraucher sozialer Veränderungen sind. Verbraucher, weil sie schließlich auch von dem ökonomischen Wohlstand abhängig sind, der ihnen die Forschung ermöglicht. Produzenten, weil sie diesen Wohlstand mit Hilfe ihrer Entdeckungen in gesellschaftliche Veränderungen ummünzen. Wenigstens in diesem Punkte hatte MARX recht: „Wissen ist ein Produktionsfaktor geworden, und das wurde möglich durch wissenschaftliche Erkenntnisse".

Erlangt der Wissenschaftler wegen seiner Verantwortung eine besondere Kompetenz in der Politik? Ganz sicherlich nicht. Der Wissenschaftler hat meistens keine Erfahrung in politischen Dingen. Die Zuständigkeit für sein eigenes Arbeitsgebiet gibt ihm keine größere Kompetenz auf anderen Gebieten. Wissenschaftliche Objektivität kann nicht einfach dadurch auf das menschlich-politische Gebiet übertragen werden, daß man wissenschaftliche Methoden anwendet.

Wissenschaftler, die sich zu politischen Problemen öffentlich äußern, sind häufig der naiven Meinung, daß Wertfeststellungen und ideologische Äußerungen auf klare und eindeutige Sätze zurückzuführen seien. Aber in einem politischen Scharmützel hat der Forscher kaum etwas zu suchen, genausowenig wie umgekehrt ein Nichtwissenschaftler kaum einen Zugang zur Sprache der Wissenschaft hat. Der Positivist glaubt, in jeder Lage eine anwendbare Technik für bestimmte Konflikte bereithalten zu können. Aber es ist doch klar, daß man trotz aller mathematischen Vorbereitung von Entscheidungen niemals alle Daten erfassen und alle Alternativentscheidungen so vorbereiten kann, daß sie in der politischen Welt brauchbar sind.

Solange Theorie von Anwendung getrennt blieb, brauchte sich der Forscher nur der wissenschaftlichen Wahrheit zu widmen. Da heute Wissen nicht länger von den daraus resultierenden Folgerungen getrennt betrachtet werden kann, verlangt die Berufsethik des Forschers etwas Neues von ihm: Information der Gesellschaft über das, was er erforscht und was eventuell daraus werden könnte. Es gibt keine Wissenschaft ohne Gewissen.

Da die moderne Technologie vollständig von der Forschung abhängt, muß der Forscher die Rolle des „Gewissens künftiger Technologien" übernehmen. Er muß informieren, lehren, warnen. Im Namen der Ideologie der Wissenschaften, die ursprünglich als Verkündung von Wahrheit aufgefaßt wurde, muß der Forscher jetzt all das aufdecken und bekämpfen, was er für einen Mißbrauch von Forschung hält. Nur dann werden die Priester im Dom der Wissenschaften über dem weltlichen Lärm der Tempelhändler stehen.

Dome sind nicht nur Zeugen der namenlosen Bauleute, sondern doch in erster Linie Zeugen des Glaubens, der in ihnen verkündet wird. A. LWOFF sagte anläßlich der Verleihung des Nobel-Preises: „Naturwissenschaften sind eine Religion, die einen Glauben voraussetzen, einen rationalen Glauben. Wissenschaft muß wie jede Religion ihre Propheten und ihre zwölf Apostel haben, und ihr müssen die Herzen und Seelen der Menschen gehören. Und sie muß ihre Märtyrer haben". Man könnte hinzufügen, daß dazu auch wie zu allen Religionen die Magier, Geschäftemacher und Mitläufer gehören.

Religion muß auch für die Tempelverkäufer da sein. Gerade deshalb sollten sich die Priester der Wissenschaft distanzieren von denen, die Forschung als eine reine Nützlichkeitsangelegenheit ansehen. Wissenschaft erhält dadurch ihren überweltlichen Charakter, daß sie alles und jedes der Macht der Vernunft unterwirft und humanistischen Zwecken zuzuführen sucht. Wenn die Wissenschaft sich ihrer Verantwortung entzieht, kann es bald dahin kommen, daß unser gesamtes Wissen relativiert wird.

Die Periode des ‚laisser faire' zwischen Wissenschaft und Politik geht zu Ende. Das bedeutet jedoch keinen unbegrenzten Freiraum für neue Entwicklungen. Die Forscher selber müssen zur Kontrolle der technischen Innovationen beitragen, d.h. sie müssen sich bei den politischen Institutionen mit ihrem ganzen Gewicht dafür einsetzen, daß Forschung nicht allein auf Mengenausstoß, Profit und kurzfristigen Nutzen ausgerichtet ist. Durch eine zu enge Verbindung mit den Tempelhändlern — und diese sind heute meist Waffenhändler — würden die Wissenschaftler ihre eigene Religion untergraben. Das Aussterben des Gelehrten, der das Gewissen der Wissenschaft darstellt, würde den Dom der Wissenschaft aller Menschlichkeit berauben.

Technokraten und Demokraten

Wir leben in einer technischen Welt und beziehen aus dieser Tatsache jeden Tag und jede Stunde Nutzen und Sicherheit. Aber diese Technik ist so kompliziert, so schwierig geworden, daß sie vom Einzelnen unmöglich durchschaut werden kann. Wir können als Laien das Funktionieren eines Spinnrades oder eines Webstuhles verstehen, allenfalls noch die Arbeitsweise einer Dampflokomotive, aber die Funktionsweise eines Fernsehapparates oder eines Düsenriesen ist den meisten von uns völlig unverständlich. Und doch sind wir auf Fernsehapparat und moderne Transportmittel angewiesen, wir wollen nicht auf sie verzichten.

Damit begeben wir uns in eine Abhängigkeit von denjenigen, die solche Maschinen verstehen und konstruieren, die ein hochkompliziertes Wirtschaftssystem aufrechterhalten, das uns mit diesen Gütern versorgen kann. Diese Gruppe von Menschen sind die Technokraten. Solange die Technokraten in ihren Konstruktionsbüros und an ihren Computern bleiben, besteht für die Demokratie keine Gefahr. Aber genauso wie in früheren Zeiten (und auch jetzt) Militärs nach der Macht greifen, wenn sich die Gelegenheit dazu ergibt, genauso tun das die „Technokraten" und das ist menschlich. Und es ist natürlich viel schwieriger, sie dabei zu kontrollieren, zumal wir ja selbst aus egoistischen Motiven häufig das Primat der Technik gegenüber der Politik wünschen.

Reichen unsere herkömmlichen demokratischen Strukturen für unsere technische Gegenwart aus? Als die Bürger des Kantons Zürich im Jahre 1973 die Errichtung eines Atomkraftwerkes in einem Volksentscheid abzulehnen drohten, stellten die Elektrizitätswerke den Strom für einen halben Tag ab, um der Stadt zu demonstrieren, was Stromknappheit für den Einzelnen bedeutet. Das war eine technokratische Machtdemonstration! Andererseits können wir unsere komplizierte Welt eben nicht mehr durch Direkt-Demokratie, durch ein Rätesystem organisieren.

Naturwissenschaften und die Krise der Demokratie

MICHAEL FELDMAN

Zahlreiche Propheten haben uns vorhergesagt, daß Naturwissenschaften und Technologie tiefgreifende Änderungen in der sozialen und politischen Struktur der westlichen Gesellschaft auslösen werden. Tatsächlich befassen sich alle, die das behaupten, mit Prophezeiungen über die Vergangenheit, denn Naturwissenschaften haben bereits seit längerer Zeit die sozialen und politischen Grundlagen der westlichen Welt beeinflußt. Aber diese Wirkungen sind noch nicht allgemein bemerkt, geschweige denn, anerkannt worden. Meine Absicht ist hier, bestimmte Aspekte aufzuzeigen, die mit dem Einfluß der modernen Naturwissenschaften auf die politischen Strukturen der westlichen Welt zu tun haben und zu dem geführt haben, was ich als die gegenwärtige und vielleicht auch zukünftige Krise der Demokratie ansehe.

Die jüngste Geschichte der westlichen Welt ist nicht nach den Voraussagen verlaufen, die große Gelehrte dieser Gesellschaft im 19. Jahrhundert gemacht haben. KARL MARX behauptete, daß das kapitalistische System zusammenbrechen würde, sogar ohne den direkten Eingriff der sozialistischen Bewegungen. Er meinte, daß die zyklischen Krisen des kapitalistischen Wirtschaftssystems in Häufigkeit und Intensität sich steigern würden und daß deswegen die Armut des Industriearbeiters zunehmen müsse. Das wiederum würde eine Verstärkung des Kampfes zwischen Industriellen und Arbeitern zur Folge haben, d.h. eine Intensivierung des Klassenkampfes, die schließlich zu einer Zerstörung des kapitalistischen Systems führen würde.

Die Realität hat die Voraussagen von MARX nicht bestätigt. Im Gegenteil, die Häufigkeit der Wirtschaftskrisen hat abgenommen, und sie folgen auch nicht einer rhythmischen Gesetzmäßigkeit. Der Lebensstandard des Industriearbeiters hat nicht abgenommen, sondern ist stetig gewachsen. Industriearbeiters bilden kein Proletariat mehr, sondern eine Gemeinschaft von spezialisierten Facharbeitern. Deswegen hat der Klassenkampf abgenommen und in denjenigen Ländern, in denen die Technologie das höchste Niveau erreicht hat, ist der Klassenkampf praktisch verschwunden. Obwohl sich der Unterschied zwischen arm und reich nicht geändert hat, hat doch das bloße Anwachsen des ökonomischen Nullpunktes, d.h. des Einkommens der Arbeiter in der Industriegesellschaft, einen Zustand sozialer Stabilisierung geschaffen. MARX hat diesen Trend der Entwicklung nicht gesehen. Zu jener Zeit konnten weder er noch irgendein anderer Gelehrter voraussagen, daß die Naturwissenschaften derartig dramatische Entwicklung nehmen würden, wodurch die Basis für einen technologischen Fortschritt gelegt wurde, der seinerseits die Grundlage der neuen industriellen Revolution wurde. Die enorme Zunahme der Produktion der modernen Industrie brachte der breiten Masse einen höheren Lebensstandard. Und umgekehrt war auch für das Wachstum der Industrie ein deutliches Anwachsen der Kaufkraft notwendig, das dadurch erreicht wurde, daß das Einkommen des Industriearbeiters stieg.

Naturwissenschaft und Technologie sind auf diese Weise verantwortlich für den ökonomischen Fortschritt der arbeitenden Klassen in der Industriegesellschaft und dies wahrscheinlich zu einem höheren Maße als die sozialistischen Bewegungen, die ursprünglich dieses Ziel hatten. Wenn einmal das Einkommen des Arbeiters stieg, so schwand der Appetit auf soziale und ökonomische Revolution. Die revolutionären Tendenzen, die in jüngster Zeit bei den Studenten und Intellektuellen beobachtet werden, berühren die Arbeiterklasse kaum.

Eine der signifikantesten Folgen des Verschwindens des Klassenkampfes in den Industriestaaten ist das Verschwinden von ideologischen Unterschieden zwischen alternativen politischen Mächten. Wir wollen die politische Arena in Großbritannien am Anfang dieses Jahrhunderts betrachten. Die zwei Parteien waren die Konservativen und die Liberalen. Die Grundlage dieser politischen Organisationen war ideologisch in dem Sinne, daß jede der beiden die Verwirklichung einer verschiedenen sozialen und wirtschaftlichen Struktur in Großbritannien herbeizuführen suchte. Diese

Unterschiede stammten von grundlegenden Differenzen in der Ansicht über ethische Werte, soziale Prinzipien und ökonomische Ziele.

Gibt es heute noch solche Differenzen zwischen den beiden Parteien in Großbritannien? Versuchen die Konservativen heute, gesellschaftliche Strukturen einzuführen, die wirklich verschieden sind von den von der Labour Party vorgeschlagenen? Es gibt heute kaum irgendwelche konkreten ideologischen Unterschiede zwischen der Labour Party und der konservativen Partei in Großbritannien, ebensowenig wie es kaum ideologische Unterschiede zwischen den Demokraten und Republikanern in den Vereinigten Staaten gibt. Technologie, die die Industrie geschaffen hat, hat zu einem wirtschaftlichen Fortschritt geführt, der den Industriegesellschaften politische Stabilität gebracht hat; dieses wiederum hat die politischen Parteien ihrer ideologischen Dogmen entkleidet.

Ich möchte eines betonen: Ich will nicht behaupten, daß Ideologien als solche keinen Platz in der heutigen Welt hätten. Ich sage nur, daß Ideologien nicht mehr die Basen von politischen Organisationen in der westlichen Welt sind. Natürlich ist die Situation anders in denjenigen Staaten, in denen die industrielle Entwicklung noch weit zurückliegt. Folgerichtig ist es dahin gekommen, daß politische Führer in den Industriestaaten sich nicht mehr auf ideologische Doktrinen stützen, wenn sie ihre Haltung zu irgendeiner bestimmten Frage festlegen. Und dieser Zustand trägt den Keim in sich von dem, was ich die kommende Krise der Demokratie nenne.

Bis vor kurzem, d.h. während der klassischen Ära der westlichen Demokratie, bestimmte die jeweilige Ideologie die Einstellung der Politiker in bezug auf die wesentlichen politischen, sozialen und ökonomischen Fragen. In dieser Zeit hätte man voraussagen können, was die Ansicht eines bestimmten Politikers von der linken oder der rechten Seite des politischen Spektrums zu irgendeiner wichtigen Frage sein würde. So hätte man z.B. voraussagen können, wie die politischen Entscheidungen von LÉON BLUM in Frankreich ausfallen würden, da dessen Ansichten in starkem Maße durch ideologische Prinzipien seiner sozialistischen Partei diktiert waren, die jedermann kannte. Daher war man also, wenn man eine Partei wählte, eher in der Lage, eine wirkliche Entscheidung zu treffen. Heutzutage, wo es keinen direkten Zusammenhang zwischen politischer Ideologie und tatsächlichen Entscheidungen gibt, wählen die Wähler Delegierte, deren Entscheidungen sie nicht voraussehen können. Unvermeidlich fällen die Politiker dann oft Entscheidungen, mit denen ihre Wähler nicht einverstanden sind. Der Bürger kann natürlich seinen Widerspruch öffentlich kundtun, aber das berührt den Entscheidungen treffenden Apparat dann nicht mehr. Der Verlust der Voraussagbarkeit von öffentlichen Entscheidungen, der eine Folge des Verlustes der ideologischen Basis der politischen Parteien ist, stellt ein neues Phänomen mit schweren soziopsychologischen Implikationen dar. Diese Implikationen scheinen mir der tatsächliche Ursprung der Unruhe der Studenten und Intellektuellen in den westlichen Gesellschaften zu sein. Die jungen Menschen bemerken, daß ihre Möglichkeiten, die Entscheidungen ihrer Abgeordneten zu beeinflussen, äußerst klein sind. Auf diese Weise also hat der technologische Fortschritt, der zu ökonomischen Errungenschaften geführt hat, die ideologische Basis der politischen Einheiten untergraben. Die Fähigkeit des Individuums, durch Wahl von Abgeordneten die Entscheidungen zu beeinflussen, ist dramatisch verringert worden. Es ist nur natürlich, daß man dagegen revoltiert.

Es ist allgemein anerkannt, daß in den vergangenen 50 Jahren grundlegende Änderungen in jedem Bereich des Lebens stattgefunden haben. Das wirtschaftliche System hat sich verändert, die soziale Struktur hat sich gewandelt, Industrie, Ingenieurwesen, Kunst, Musik, Lyrik — alle grundlegenden Komponenten der westlichen Gesellschaft sind dramatischen Veränderungen unterworfen. Auf der anderen Seite hat ein wesentliches Element unseres Lebens seine ursprüngliche Struktur unverändert erhalten und ist von den allgemeinen Veränderungen der westlichen Kultur kaum berührt worden: Das ist die Struktur unseres demokratischen Entscheidungsapparates.

Die ursprüngliche Gestalt des Parlamentarismus, die die Grundlage unserer Auffassung von Demokratie bildet, ist fast unverändert seit den frühesten Zeiten geblieben. Die Revolte des Einzelnen gegen das System von Entscheidungsgremien, das nicht länger das Spiegelbild der individuellen Ansichten ist, mußte zu einer Krise führen, weil es keine einfache demokratische Alternative zum gegenwärtigen System gibt. Wir wissen, was falsch ist, wir wissen nicht, wie wir einen besseren politischen Apparat dafür einsetzen sollen.

Es gibt offensichtlich eine einfache Lösung für das berechtigte Verlangen für das Individuum nach Teilnahme an politischen und ökonomischen Entscheidungen. Man könnte z.B. vorschlagen, daß anstelle der Entscheidungen eines Abgeordneten die einzelnen selbst ihre Ansicht zu jedem wichtigen Problem geben. Man könnte dann die Ansicht der wirklichen Mehrheit der Bürger feststellen und nicht nur die von einigen Politikern, die eigentlich kein Sprachrohr der Ansichten ihrer Wähler sind. Das führt jedoch zu Schwierigkeiten, die in die elementaren Prinzipien unseres demokratischen Systems eingebaut sind.

Das Konzept der Demokratie basiert nicht auf der Annahme, daß wir uns auf die Ansicht einer Mehrheit verlassen können, die die richtigen Entscheidungen trifft. Vielmehr war das ursprüngliche Konzept, daß per Definitionen die Entscheidung der Mehrheit die richtige Entscheidung ist. Solange Entscheidungen im wesentlichen eine Wahl zwischen alternativen Ideologien war, d.h. zwischen ethischen und sozialen Werten, solange war dieses Konzept tatsächlich nicht in Frage gestellt.

Heute muß aber die Entscheidung nicht mehr zwischen allgemeinen politischen Doktrinen gefällt werden, sondern zwischen alternativen Möglichkeiten, Methoden und Techniken, um ein bestimmtes, im wesentlichen von allen anerkanntes Ziel zu erreichen. Diese Methoden basieren auf detaillierten wissenschaftlichen und technischen Kenntnissen. Kann das Prinzip des Vertrauens auf die Auswahl durch eine Majorität noch in seiner ursprünglichen Form gültig sein, wenn wir es auf die entscheidenden Probleme, denen die moderne Gesellschaft gegenübersteht, anwenden? Ich stelle diese Frage, obwohl ich für mich selbst keine Zweifel hege, daß es keine Alternative für das demokratische System gibt. Dennoch scheint es mir, daß Demokratie ihre Instrumente für das Fällen von Entscheidungen revidieren sollte.

Die jüngste Geschichte von Westeuropa kann in drei getrennte Bereiche geteilt werden.

a) Eine Ära, in der Kampf für die Gleichheit der bürgerlichen Rechte stattfand; diese endete damit daß die Bürger insgesamt mehr Rechte erhielten, ohne daß nun tatsächlich eine völlige Rechtsgleichheit hergestellt wurde.
b) Eine Ära des Kampfes für die gleiche Verteilung von Kapital; sie endete damit, daß insgesamt mehr Kapital akkumuliert wurde, ohne daß tatsächlich eine Gleichverteilung stattfand.
c) Eine Ära, die gerade jetzt beginnt, in der der Kampf für Gleichheit des know-how charakteristisch für die sozialen Spannungen ist. Know-how und nicht bürgerliches Recht oder Kapital, wird in Zukunft die erfolgreiche Führung in einer technologischen Welt bestimmen.

Know-how — technisches Wissen — ist bisher kein wichtiges Auswahlkriterium für politische Führer gewesen. In England, zum Beispiel, kam die größere Zahl der Premierminister von den Universitäten von Oxford und Cambridge. In diesen Institutionen waren sie doch in einem Erziehungssystem geprägt, in dem die Ausbildung zu einer breiten gentlemen-liken Übersicht über die Weltzusammenhänge betont wurde. In Zeiten, in denen Entscheidungen auf der Wahl zwischen alternativen Ideologien beruhten, war dieses eine durchaus genügende, wenn auch vielleicht nicht immer die beste Vorbereitung für Führungskräfte.

Als dagegen die Entscheidungen auf sehr kompliziertem und detailliertem know-how basieren mußten, konnte diese Führungsschicht nicht mehr recht mit den neuen Realitäten fertig werden. Und jedermann, der Beispiele dafür haben möchte, sollte die Geschichte des Mittleren Ostens im 20. Jahrhundert lesen. Das Problem, das heute auftaucht, ist nicht nur, wie man Führungskräfte für richtige Entscheidungen in einem wissenschaftlichen Zeitalter erhalten soll, sondern wie man den individuellen Bürger an den Entscheidungen teilnehmen lassen kann, denen wissenschaftliche Erkenntnisse und technisches Wissen zugrunde liegen.

Wir wünschen uns, daß politische Entscheidungen auf feste ethische Werte gegründet sind. Unglücklicherweise gibt es keine objektiven Kriterien für ethische Werte. Deshalb ist Naturwissenschaft als solche indifferent gegenüber Ethik. Dennoch gibt es in der täglichen Praxis der Wissenschaften zwei Prinzipien, die mir ethische Werte zu manifestieren scheinen: Erstens entwickelt sich Wissenschaft auf nichtautoritäre Art und Weise. Wissenschaftliche Wahrheit wird nicht danach bewertet, von wem sie formuliert wurde, sondern nach ihrem Inhalt. Ein Doktorand kann eine wissenschaftliche Entdeckung machen, die der von allen Autoritäten anerkannten Wahrheit in einem bestimmten Gebiet widerspricht. In dem Moment, in dem er seine Entdeckung bewiesen hat, existieren alle früheren Wahrheiten nicht mehr, unabhängig davon wie groß und autoritär diejenigen waren, die daran geglaubt hatten. Es gibt kein anderes Gebiet menschlicher Aktivitäten, in dem eine ähnliche nichtautoritäre Realität existiert. Zweitens entwickelten sich Wissenschaften dadurch, daß Forscher mit ihren Kollegen die volle Wahrheit über ihre Entdeckungen austauschen. Bevor ein Forscher das nicht getan hat, kann seine Aussage nicht von anderen verifiziert werden, und wenn sie nicht verifiziert ist, hat sie keinen Einfluß auf künftige wissenschaftliche Entdeckungen. Es gibt keinen anderen Bereich menschlicher Aktivität, in dem der Fortschritt dadurch bestimmt wird, daß man sich der vollen Wahrheit aussetzt.

Der wissenschaftliche Fortschritt kommt also dadurch zustande, daß der Forscher nach zwei Prinzipien arbeitet, die mir wichtige ethische Prinzipien einzuschließen scheinen. Allerdings ist dies nicht das Ergebnis einer freien Wahl von moralischen Prinzipien. Vielmehr ist es das Resultat der ganz elementaren Grundlage wissenschaftlicher Methode, die das Verhalten des Forschers bestimmt: Nicht weil sie beschlossen hätten, sich ethisch zu verhalten, sondern vielmehr weil sie erfolgreiche naturwissenschaftliche Forschung betreiben wollen, verhalten sie sich so und nicht anders. Das Fehlen von autoritärem Verhalten und das Offenlegen der ganzen Wahrheit erstreckt sich jedoch nur auf ihre wissenschaftliche Arbeit. Was gewährleistet dann eine humanistische oder ethische Betrachtungsweise beim Fällen von denjenigen Entscheidungen, die alle anderen Komponenten unseres Lebens betreffen und zwar in einem Zeitalter, in dem ethische Doktrinen nicht mehr die Grundlage politischer Operationen sind?

Wäre der Mensch nach dem Ebenbild Gottes geboren, bräuchten wir uns keine Sorge zu machen. Große Gelehrte wie MARX und FREUD scheinen geglaubt zu haben, daß der Mensch als Ebenbild

Gottes geboren ist. MARX glaubte, daß wir nur die ökonomische Struktur der menschlichen Gesellschaft zu ändern hätten, um die guten Eigenschaften des Menschen offenbar werden zu lassen. Wenn wir einige unserer sexuellen Depressionen beseitigen, so dachte FREUD, würde das Ebenbild Gottes im Menschen erscheinen. Beide, MARX und FREUD, hatten eine durchaus romantische Ansicht vom Menschen.

In Wirklichkeit scheint das menschliche Verhalten, und zwar sowohl das des Individuums als auch das einer menschlichen Gemeinschaft, bestimmt zu sein durch die Gene, die uns von unseren vormenschlichen Vorfahren vererbt worden sind und die in uns nicht unbedingt ein Gefühl des Stolzes hervorrufen müssen. Der *Australophithecus africanus* scheint der letzte vormenschliche Affe gewesen zu sein. RAYMOND DART, der Anthropologe, der diesen Affen entdeckt hat, hat Anhaltspunkte dafür gefunden, daß dieser ein Mörder war, daß er Waffen benutzte. Der Herausgeber der Zeitschrift, in der DART seine Ansichten über das Verhalten unserer Vorfahren veröffentlichte, stellte in einem Anhang zu der Arbeit fest, daß die Folgerungen aus dieser Publikation nur für den afrikanischen Affen relevant seien und daß sie deshalb für die Entwicklung des Menschen zwar für den Buschmann und andere Menschen-Stämme in Afrika gelten könnten, nicht aber für „uns".

Die ethische Entscheidung in einer wissenschaftlich bestimmten Welt ist deshalb ein offenes, aber um so dringenderes Problem. Und es könnte sich dann herausstellen, daß wir bei diesen Entscheidungen weitgehend gegen unsere genetischen Verhaltensmuster handeln müssen.

Kreativität im nachtechnischen Zeitalter

Das große, großartige Gebäude der modernen Naturwissenschaften ist eine der wichtigsten menschlichen Kulturleistungen. In ihm betätigt sich der wesentliche Teil menschlicher Kreativität. Während in früheren Zeiten die Betätigung in den verschiedenen Kunstformen als Ausdruck der menschlichen Schöpferkraft schlechthin gegolten hat, betätigt sich Kreativität heute fast ausschließlich im technisch-wissenschaftlichen Bereich.

Nun zeigt es sich, daß die aus den Naturwissenschaften folgende menschliche Produktion in jedem Bereich — Energie, Abgase, Abwässer und nicht zuletzt Selbstreproduktion des Menschen in Form von Bevölkerungswachstum — ein Ausmaß erreicht hat, mit dem dieser Planet nicht mehr fertig wird. Wir werden daher eine Technik finden und konstruieren müssen, die nicht mehr den linearen Verbrauchs- und Raubcharakter unserer jetzigen Technologie hat, sondern auf Kreisprozesse mit minimalem Verbrauchscharakter angelegt ist. Andernfalls kommen der technische Prozeß und der Prozeß unserer Lebensabläufe durch Katastrophen, Kriege, Selbstvergiftung und Nahrungsmangel von selbst zum Stehen.

Wir werden also eines Tages in das „nachtechnische Zeitalter" eintreten müssen. Wann und wie das geschehen wird, ob durch weise Planung oder durch den Zwang der Verhältnisse unter dem Druck von Katastrophen, kann heute noch niemand sagen. In einem solchen Zeitalter wird ein großer Teil der menschlichen Kreativität dann nicht mehr auf die Erfindung neuer „raumgreifender" Prozesse gerichtet sein, sondern auf die Rationalisierung vorhandener technischer Verfahren. Diese Aufgabe, so könnte man annehmen, wird für den schöpferischen Menschen weniger befriedigend sein als die heutigen macht-demonstrierenden, umweltverändernden Prozesse. Wie soll der ‚homo faber' in uns sich dann betätigen?

Auch in einer künftigen, technisch weniger expansiven Zeit wird der Wissenschaftler und Forscher gebraucht: Die technische Welt ist kein Automat, der einmal aufgezogen, einfach weiterläuft. Sie bedarf des ständigen Zustroms wissenschaftlicher Ideen. Sonst bricht sie zusammen, wie die Maya-Kultur Mexikos, oder erstarrt im Byzantinismus. Die gegenwärtige Krise scheint uns zu lehren, daß wir nicht mehr wesentlich weiter expandieren können; aber wir können auch nicht zurückfallen in ein vortechnisches Zeitalter. Auch die Aufrechterhaltung des gegenwärtigen Zustandes ist ein aktiver, die schöpferischen Kräfte des Menschen beanspruchender Zustand.

Man kann Kreativität nicht auf Eis legen, sie, wenn nötig, aus der Tiefkühltruhe frisch und aktionsbereit hervorholen. Die Traditionsgüter des Menschen — und dazu zählen die Naturwissenschaften — erhalten sich nur durch ständige geistige Beschäftigung mit den überlieferten und erlernten Methoden. Auch eine künftige Gesellschaft muß ihre „Glasperlenspiele" haben.

Reine und angewandte Forschung

VICTOR F. WEISSKOPF

Die widersprüchlichen Ansichten über die Wissenschaften und ihre Beziehung zur Gesellschaft zeigen nur zu deutlich, wie zentral Wissenschaften angesiedelt sind und wie gewaltig ihre Bedeutung für unser Leben ist. Ein Problem, welches jeden Teil unseres Denkens, Handelns und Fühlens durchdringt, ein solches Problem spiegelt alle Aspekte der Lage des Menschen wider. Diese Aspekte sind zahlreich, tragisch, wundervoll und dies alles zur gleichen Zeit.

Die Naturwissenschaften haben sich vom Stadium der Jugend in das Stadium des Erwachsenseins entwickelt. Wenn man jung ist, hat man große Ideale und denkt, daß die Welt herrlich ausschaut, daß alles, was man tut, herrlich sei, und daß man die Welt verändern könne. Wenn man dann älter wird, sieht man, daß das nicht so leicht ist und daß beim Versuch die Welt zu ändern, sie gewöhnlich zum Schlechten verändert wird. Tatsächlich kann man sie nicht verändern. Das, glaube ich, ist unser gegenwärtiger Zustand. Die Naturwissenschaften sind erwachsen geworden: Aber ich bin nicht sicher, ob die Naturwissenschaftler ebenso erwachsen geworden sind.

Die Naturwissenschaften sind zweifellos heute in der Defensive. Das ist ein relativ neues Phänomen. Vor sechs oder sieben Jahren war das noch ganz anders. Im wesentlichen gibt es zwei Angriffsrichtungen auf die Wissenschaften. Die eine ist, daß Naturwissenschaften ein teurer Luxus seien, der von der Öffentlichkeit nur solange unterstützt werden sollte, wie eine unmittelbare Aussicht auf Erfolg in Form von praktischen Anwendungen für Industrie, Medizin oder Verteidigung bestehe. Dagegen solle Forschung nicht als ein Studium der Natur um der Natur selbst willen betrieben werden, da dies nicht von großer Relevanz sei und keinen Wert für die Öffentlichkeit habe, besonders da Forschung so teuer ist. Von einer anderen Seite kommt ein zweiter Angriff: Forschung ist die Quelle von industriellen Neuerungen, von denen die meisten zu Zerstörung unserer Umwelt und zu einem inhumanen computerisierten Leben geführt hätten oder führen würden. Naturwissenschaften zerstörten das soziale Gefüge unserer Gesellschaft, sie würden zu noch gefährlicheren und destruktiveren Waffen führen, zu einer völligen Auslöschung der Menschheit im nächsten Kriege und zu weitreichenden Veränderungen unserer Gesellschaft, wie sie ORWELL in seinem Roman „1984" vorausgesehen hat. Selbst die besten Wissenschaften sind nach dieser Ansicht Vergeudung von Geld, das besser unmittelbar sozial nützlichen Zwecken vorbehalten sein sollte.

Beide Angriffspositionen sind gegen jede wissenschaftliche Forschung gerichtet. Es ist nun leichter, sich mit dem ersten Angriffspunkt auseinanderzusetzen, weil die zweite Ansicht eine Menge Wahrheit enthält und tatsächlich einen teilweise gerechtfertigten Standpunkt vertritt. Man muß sich nur ein wenig umsehen, um sofort den Mißbrauch unserer Technologie zu bemerken.

Was den ersten Ansatz betrifft, so brauche ich wohl nicht allzu viel Zeit darauf zu verwenden. Grundlagenforschung, Naturwissenschaften um ihrer selbst willen haben der Industrie, der Medizin usw. einen enormen Dienst geleistet, wie jedermann weiß. Ich sollte vielleicht eines sagen über den teuren Luxus: Man kann leicht die Gesamtkosten für Grundlagenforschung berechnen — von ARISTOTELES (350 v. Chr.) bis zum heutigen Tage — und diese Kosten betragen nicht mehr als der Wert von zehn Tagen Industriekosten der Vereinigten Staaten. Ist das teuer? Aber das ist natürlich nicht wirklich der Kern der Sache.

Die zweite Ansicht, mit der ich mich etwas ausführlicher auseinandersetzen will, behauptet, daß Naturwissenschaften die Technologie hervorgebracht haben und daß Technologie wiederum alle diese schrecklichen Wirkungen gezeigt hat; daher müssen wir die Naturwissenschaften stoppen, um die Technologie mit ihren schrecklichen Folgeerscheinungen aufzuhalten. Das ist das berühmte Moratorium-Argument, das schon so oft diskutiert worden ist.

Meine Reaktion und, wie ich glaube, auch die Ansicht der meisten Wissenschaftler und Nichtwissenschaftler ist die, daß es nicht in Frage kommt, Forschung und Technologie zu stoppen, sondern daß das Problem darin besteht, sie zu verändern. Wenn man ein Haus gebaut hat und nach dessen Fertigstellung bemerkt, daß man es nicht besonders gut gemacht hat, so würde man doch versuchen, ein anderes besseres Haus zu bauen, aber man wirft doch deswegen noch nicht die Werkzeuge und Baumaschinen fort. Gerade das aber fordern die Befürworter des Moratoriums. Was ist falsch an dem Haus, das errichtet wurde, was sollte geändert werden? Dies könnte das Thema einer sehr langen Abhandlung sein. Ich möchte kurz so antworten: der Fehler in der Umweltfrage besteht in einer falschen Kostenberechnung im weitesten Sinne. Wir haben nämlich nicht die langfristigen Wirkungen der industriellen Entwicklung in Rechnung gestellt, weil wir ihnen keine Aufmerksamkeit geschenkt haben oder weil wir nicht die nötigen Kenntnisse dazu hatten. Es gibt sicherlich Konsequenzen der technologischen Entwicklung, die viel tiefer gehen und viel schwieriger zu fassen sind als die Zerstörung unserer Umwelt. Weil alles sich so rasch entwickelte, entstanden tiefgreifende gesellschaftspolitische Folgeerscheinungen, die wir noch nicht richtig beschreiben und formulieren können.

Die Menschheit kann mit den gegenwärtigen Zuständen nicht mehr sehr viel länger leben trotz der Tatsache, daß sie offensichtlich besser lebt je mehr sie verbraucht. Aber nur ein Blick auf unsere Städte, besonders in Amerika, wird jeden davon überzeugen, daß etwas sehr, sehr faul ist. Einige dieser Probleme mögen vielleicht rein technische und damit wissenschaftliche Aspekte haben, aber wahrscheinlich sind sie überwiegend gesellschaftliche Probleme. Die letzteren sind viel schwieriger, weil wir keine Erfahrungen mit ihnen haben. Wir sollten diese Erfahrungen besitzen, wir könnten sie haben — aber wir haben sie eben nicht. Sie sind weitaus schwieriger als alle Probleme, denen die Menschheit bisher gegenüberstand.

Ich bin nicht genügend historisch gebildet, um sagen zu können, ob ähnliche Situationen sich schon früher in der Welt ereignet haben. Wahrscheinlich war das der Fall. Aber ich bin nicht sicher, ob wir von den Erfahrungen der Vergangenheit lernen können, da wir einer gänzlich neuen Situation gegenüberstehen, nämlich der Situation des exponentiellen Wachstums.

Wir haben oft das Problem diskutiert wie man die Bevölkerungsexplosion aufhalten kann, wie man zu einer stationären Gesellschaft mit all ihren ökonomischen, sozialen und psychologischen Problemen übergehen könnte. Psychologische Probleme treten deshalb auf, weil man sich fragen muß, wofür die Menschen leben wollen und wonach sie streben wollen, wenn die Weltsituation stationär ist. Was werden ihre Ideale sein, wird die große Langeweile ausbrechen, werden sie aufeinander losgehen?

Dieses Problem wird sich uns stellen, weil wir nicht so weiter machen können wie bisher. Aber das ist freilich nicht allein das Problem von uns Naturwissenschaftlern. Wir können nur das Problem aufzeigen, vielleicht nicht viel besser als jeder andere, denn wir sind Laien. Ich hoffe aber dringend, daß die Leute, die das als ihr Geschäft bezeichnen, mehr darüber wissen.

Aber auch die rein technische Seite darf nicht vernachlässigt werden. Zu manchen Problemen, die im Zentrum unserer Krise stehen, wie Umwelt, Transport, städtischer Lebensraum, können Naturwissenschaftler eine Menge beitragen. Viele meinen, daß die Naturwissenschaften all ihre Aktivitäten diesen schrecklich dringenden Problemen widmen sollten, wir sollten z.B. alle Umwelt-Spezialisten werden. Darin liegt aber eine ganz große Gefahr.

Ich möchte hier ein Zitat von MICHAEL POLANYI aus seinem Buch „Personal Knowledge" bringen, in welchem er über die wissenschaftliche Methode spricht: „Die naturwissenschaftliche Methodik ist genau dafür entwickelt worden, daß man den Kern der Dinge unter besser kontrollierten Bedingungen und durch schärfere Kriterien fassen kann als sie in den Situationen vorkommen, die durch praktische Probleme geschaffen werden. Diese Bedingungen und Kriterien können dadurch entdeckt werden, daß man ein rein wissenschaftliches Interesse an dem Gegenstand nimmt, ein Interesse, das wiederum nur in der Vorstellungswelt derjenigen existieren kann, die dazu erzogen worden sind, wissenschaftliche Werte anzuerkennen. Eine solche Art der Vernunft kann nicht einfach willkürlich für Zwecke angeknipst werden, die außerhalb des ‚angeborenen Forscherdranges' liegen". Mit anderen Worten, er sagt, daß wir zur Lösung naturwissenschaftlicher Probleme in unserer Umwelt im weitesten Sinne Wissenschaftler brauchen, die in den

Grundlagenwissenschaften ausgebildet sind. Wenn wir zum Beispiel alle Wissenschaftler, die heute in der Grundlagenforschung arbeiten, auf die Lösung dieser angewandten Probleme ansetzen würden, so würden wir die Ausbildung von Forschern für die nächste Generation abschneiden. Wir brauchen deshalb ein funktionierendes System, das Grundlagenforschung praktiziert, Forschung um der Forschung willen, um die Gründe und Ursachen der Dinge herauszufinden, die Beziehungen in der Natur nachzuvollziehen, die Gesetze der Natur zu bestimmen, denn nur dadurch erhalten die jungen Wissenschaftler die Ausbildung, die Haltung, die geistige Einstellung, die notwendig ist, um die vielen schwierigen, neu auftretenden Probleme zu lösen. Man kann Wissenschaftler nicht einfach austauschen.

Ich möchte betonen: Wichtig sind mir im Augenblick nicht so sehr die Resultate der Wissenschaft, sondern die Einstellung, der Geist, der Geisteszustand, der durch die Beschäftigung mit Grundlagenforschung entsteht und der die Grundlage unserer Fähigkeit ist, uns mit der Natur auseinanderzusetzen; diesen Geist dürfen wir nicht zerstören. Unsere Universitäten sollten keine Umweltforscher produzieren. Wir müssen vielmehr Geologen, Physiker, Chemiker und Biologen in den Grundlagenwissenschaften so ausbilden, daß sie mit der geistigen Einstellung und Haltung von Forschern ihre Fähigkeit zur Lösung jener Probleme anwenden können. Nur dann werden wir Erfolg haben.

Ich möchte aber rasch hinzufügen, daß der Wert der Grundlagenforschung nicht ausschließlich in den eben erwähnten Punkten liegt. Ihr Wert liegt viel tiefer. Und ich sollte sagen, auch der Angriff auf die Naturwissenschaften liegt heute ebenso viel tiefer. Ich glaube, der eigentliche Wert der Naturwissenschaften liegt in dem auf internationaler Ebene gemeinsamen Bestreben, Einsicht in das Arbeiten der Natur zu bekommen. Und diese Einsichten haben dann wiederum riesige Mächte zur Beeinflussung der Natur entfesselt — zum Guten oder zum Schlechten.

Man behauptet manchmal, Wissenschaften seien ein Produkt der westlichen Zivilisation. Ich glaube nicht, daß das stimmt. Vielleicht hatten die Naturwissenschaften zufällig ihren Anfang in der westlichen Welt. Aber wenn man beobachtet, wie die Japaner und die Chinesen, die mit uns nicht in Verbindung stehen, arbeiten, produzieren, schöpferisch tätig sind und Beiträge zu unserem kollektiven Bemühen liefern, dann sieht man, daß der große Wert wissenschaftlicher Arbeit darin liegt, Menschen zusammenzubringen.

Die letzten Dekaden haben uns Erkenntnisse darüber gebracht, was die Natur ist, wie das Universum sich entwickelt hat und was die Grundlagen des Lebens sind. Wie jeder weiß, sind diese Entdeckungen in gleicher Weise großartig wie die Entdeckungen des 19. Jahrhunderts über die Natur der Elektrizität oder die am Beginn des 20. Jahrhunderts über die Natur der Materie. Warum werden jetzt diese Entwicklungen auf einmal gefürchtet, verachtet, angegriffen? Doch nicht nur deshalb, weil sie Umweltverschmutzung verursachen oder denjenigen große Macht geben, die diese Macht mißbrauchen. Der Grund liegt tiefer. Es scheint, daß die Menschen die Naturwissenschaften als etwas Fremdartiges betrachten, als etwas, das etwas weit entfernt ist von der landläufigen Vorstellung darüber, wie das Verhältnis des Menschen zur Natur sein sollte. Dies ist heute eine sehr verbreitete Ansicht über Naturwissenschaften und sie ist für die meisten von uns, für die ja Naturwissenschaften eine Enthüllung der Geheimnisse der dinglichen Welt darstellt, eine große Enttäuschung. Warum ist sie für die anderen ein kaltes, entfremdetes Element?

Ich glaube, es gibt zwei Gründe, und die Wissenschaftler müssen für beide verantwortlich gemacht werden. Der eine ist die Arroganz der Wissenschaften in bezug auf ihre Universalität. Wir sagen, und mit einer gewissen Berechtigung, daß die Naturwissenschaften alles erfassen. Nicht, daß wir schon alles verstünden, aber wir behaupten, daß Naturwissenschaften im Prinzip die Möglichkeit haben, ihre Grenzen so weit vorauszutreiben, daß schließlich alles verstanden wird. Die Erfahrung der Vergangenheit zeigt, daß das in einem gewissen Maße zutrifft. Aber wir haben etwas vergessen, und ich glaube, das erklärt teilweise die Haltung der Öffentlichkeit gegenüber den Wissenschaftlern. Wir haben nämlich vergessen, daß Naturwissenschaften zwar universal sind, aber daß sie nicht alles transzendieren können.

Ich möchte das triviale Beispiel einer Beethoven-Sonate geben. Nach Ansicht der Physik kann eine Beethoven-Sonate beschrieben werden durch eine Linie auf einer Schallplatte, einer komplizierten zwar, aber eben einer Linie. Für einen Neurophysiologen ist dieselbe Sonate wahrscheinlich eine Reihe von elektrischen Impulsen im Gehirn. Aber offensichtlich ist keines von beiden *die* Beethoven-Sonate. Der Inhalt der Sonate transzendiert die physikalische Beschreibung, obwohl alle Bestandteile der Beethoven-Sonate in die physikalische Beschreibung eingeschlossen sind. In gewisser Weise ist deshalb Naturwissenschaft universal, aber sie ist dennoch einseitig. Sie läßt bestimmte Werte einfach wegfallen. Ich benutze das Wort „Werte", obwohl ich nicht ganz sicher bin, welchen Ausdruck man benutzen sollte. Aber wahrscheinlich sind Werte unter anderem die Dinge, die diese naturwissenschaftliche Beschreibung vollständig wegläßt. Es mag vielleicht trivial klingen zu sagen, daß die Naturwissenschaft universal, aber einseitig ist; aber das wird oft vergessen, und ich meine, daß es doch sehr wichtig ist. Ich möchte die Dinge nicht gegeneinander abwägen, indem ich sage, daß das, was die Naturwissenschaft ausläßt, wichtiger ist als das, was sie einschließt. Es gibt eben verschiedene Aspekte dieser Welt und der Bedingungen des menschlichen Seins.

Der zweite Punkt, in dem wir, wie ich glaube, einen Fehler begangen haben, ist die Verfälschung der Naturwissenschaften durch das naturwissenschaftliche Establishment infolge der enormen Ausweitung, die in den letzten zwanzig Jahren stattgefunden hat, und durch die unerhörte Menge Geld, die die Naturwissenschaften erhalten haben. Man hat das „Mysterium der Dinge" vergessen und betrachtet Naturwissenschaften einfach als eine Organisation zur Produktion neuer Resultate. Damit geht Hand in Hand die Überspezialisierung. Die meisten der sogenannten Wissenschaftler sind leider nicht wirklich Wissenschaftler im wahren Sinne des Wortes; aber sie stellen immerhin die Mehrheit der wissenschaftlich Tätigen dar.

Die Naturwissenschaften sind kompliziert geworden; sie erfordern Virtuosität auf technischem oder mathematischem Gebiet, oder auf beiden. Die Menschen haben vergessen, daß diese Virtuosität einen Zweck hat, der darin besteht, Gesetzmäßigkeiten zu finden. Diese Gesetze sind einfach, aber sie sind subtil. Einfachheit und Subtilität sind die Merkmale der Naturwissenschaften, wie

EINSTEIN das in etwas anderer Beziehung gezeigt hat. Es liegt daher in der Verantwortung der Wissenschaftler, dies auch in der Erziehung und an anderen Stellen klarzustellen. Die Wissenschaftler sollten klarstellen, daß die Naturwissenschaften nicht eine kalte Welt von Zahlen darstellen, sondern im Gegenteil eine größere Vertrautheit mit der Natur, mit dem Universum schaffen. Und dadurch können sie einen verstärkten Sinn für Verantwortung und ein Bewußtsein von der Einzigartigkeit der Welt, in der wir leben, hervorrufen, wodurch schließlich die Auffassung von der Entfremdung, der Quantifizierung und Dehumanisierung der Welt überwunden werden könnte.

Ich möchte noch eine Bemerkung über den Unterschied zwischen der Wissenschaftskrise in Europa und in den Vereinigten Staaten machen. In den Vereinigten Staaten ist sie sicherlich viel tiefer und tragischer als in Europa. Warum gibt es in Amerika, wo es mehr Wissenschaft und daher mehr Technologie gibt, auch mehr Schwierigkeiten? Europa hat eine ältere Tradition und bewertet Kontemplation und vielleicht auch Schönheit höher. Wenn die Dinge aufwärtsgehen, schießen sie gewöhnlich in Amerika höher hinaus und wenn sie bergab gehen, dann fallen sie dort tiefer als in Europa; das ist eine allgemeine Beobachtung. Der Unterschied stammt meines Erachtens zum großen Teil von der Qualität der Erziehung in den höheren Schulen. In Europa erhalten die Lehrer dieser Schulen glücklicherweise eine wesentlich bessere Ausbildung als in Amerika. Überall besteht ein Mangel an guten Lehrern in den Naturwissenschaften, und man sollte in diesem Zusammenhang beachten, daß nicht jeder, der Naturwissenschaften studiert, gleich ein Forscher werden muß. Unglücklicherweise muß man, wenn man in den Naturwissenschaften etwas werden will, eigenständige Forschung ausgeführt haben, und das entwertet eigenständige Forschung, denn nicht jeder kann einen wertvollen Beitrag leisten. Für viele wäre es besser, wenn sie ihre Fähigkeiten dazu verwenden würden, Naturwissenschaften zu interpretieren, was tatsächlich viel schwieriger ist. Genau diese Art von ausgebildeten Talenten brauchen wir in den Schulen.

Ich möchte enden mit einer kleinen Zusammenfassung: Ich habe viel über Grundlagenforschung gesprochen, aber Grundlagenforschung und angewandte Forschung gehören zusammen, man kann sie nicht trennen. Wissenschaft muß als ein Ganzes angesehen werden. Die gegenwärtigen Trends laufen gegen die Grundlagenforschung zugunsten der angewandten Forschung. Sie verschieben das Gleichgewicht und können das Gewebe der Wissenschaft zerstören. Ich möchte das darstellen durch den Vergleich der Naturwissenschaften mit einem Baum. Die Grundlagenforschung bildet den Stamm. Der ältere Teil der Wissenschaft liegt am unteren Ende und der neuere, esoterische an der Spitze, wo das neue Wachstum stattfindet. Die Zweige stellen die angewandten Aktivitäten dar, die aus der Grundlagenforschung hervorgehen. Die höheren kleineren Zweige wachsen aus der jüngsten Grundlagenforschung hervor. Die Spitze des Stammes, die die gegenwärtige Front der Grundlagenforschung darstellt, hat noch keine Zweige entwickelt.

Wenn man dieses Bild auf die Physik anwendet, dann würde man die klassische Physik, Elektrodynamik und Thermodynamik an der Basis unterbringen, die atomare Physik etwas höher mit all ihren entwickelten Zweigen wie Chemie, Materialwissenschaften oder Festkörperphysik. Noch höher findet man Kernphysik mit ihren jüngsten Verzweigungen, die Radioaktivität, Spurenmethoden und so weiter symbolisieren, und an der Spitze, noch ohne Zweige, finden wir die moderne Elementarteilchenphysik und einige der im Pionierstadium sich befindenden Disziplinen. Es gab eine Zeit vor 60 Jahren, da befand sich die Atomphysik an der Spitze, noch ohne Zweige.

Wenn man einen Baum hat, dann muß man sich um ihn als ganzen kümmern; er sollte nicht zu schnell und nicht zu langsam wachsen, und man sollte ihn beschneiden — aber nur solche Zweige entfernen, die nicht mehr gesund sind. Beschneiden bedeutet hier das Setzen von Prioritäten, und das ist nicht leicht. Manche möchten gerne den Stamm abtrennen. Aber das geht natürlich nicht, man kann nicht diejenigen Zweige, die schöne rote Äpfel tragen, ohne Stamm frei in der Luft schweben lassen. Wie soll man aber entscheiden, welche Zweige man abschneiden kann und welche man wachsen lassen soll? Das ist zweifellos sehr schwierig, und man hat vorgeschlagen, daß die Physiker einen Plan machen sollten. Sie tun das auch; meiner Meinung nach planen sie sogar zu viel. Alle vier oder fünf Jahre, zumindest in den USA, sollen die Physiker ein Programm für die nächsten zehn Jahre aufstellen. Das ist lächerlich, weil die wichtigen Dinge in den Grundlagenwissenschaften unerwartet erscheinen. Und das Unerwartete ist dasjenige, das sowohl vom philosophischen als vom praktischen Standpunkt aus wichtig ist. Man kann und soll Prioritäten für die Technologie haben, weil dort eine bestimmte Aufgabe zu erfüllen ist. Das ist zwar schwierig, wie wir das am Beispiel des Überschallflugzeuges gesehen haben, aber die Prioritäten werden schließlich durch die Notwendigkeiten des Lebens bestimmt. Aber wir müssen uns hüten vor definierten Prioritäten in der Grundlagenforschung. Das einzig Wichtige ist, Mittelmäßigkeit abzuschneiden, die schlechten Zweige, und die gegenwärtige Beschneidungsprozedur in Amerika, wenn sie richtig ausgeführt wird, mag vielleicht recht nützlich sein.

Ich glaube, ich gebe die Ideen von WEIZMANN und die dem Weizmann-Institut zugrunde liegende Idee richtig wieder, wenn ich sage, daß Naturwissenschaft sich nicht entwickeln kann, wenn sie nicht im Dienste der reinen Erkenntnis ausgeführt wird. Wissenschaft wird nicht überleben, wenn sie nicht intensiv und weise für die Verbesserung der menschlichen Gesellschaft gebraucht wird. Es gibt zwei mächtige Elemente in der menschlichen Existenz: die egoistische Wißbegierde und das altruistische Mitgefühl. Wißbegierde ohne Mitgefühl wird unmenschlich, und Mitgefühl ohne Wißbegierde bleibt wirkungslos.

Wissenschaftliche und politische Vernunft

RAYMOND ARON

Der Mensch als „Meister und Besitzer der Natur", diese Formel von DESCARTES hat auch heute ihren symbolischen Wert. Es ist dabei zunächst nicht wichtig, ob der Forscher einen Unterschied macht zwischen dem Streben nach Wahrheit um der Erkenntnis willen und der Anwendung dieser Erkenntnis, oder ob er im Gegensatz dazu zugibt, daß Erkenntnisse im Zeitalter der modernen Naturwissenschaften die Anwendung schon in sich bergen. Vor einem Vierteljahrhundert haben uns die Kernphysiker gezeigt, daß auch abstrakte Theorien, die scheinbar fern aller Praxis sind, die Umwandlung von Elementen möglich machen können. Und diese Kernumwandlung hatte eben dann die Konsequenzen, für die schließlich ihre Benutzer, nicht ihre Entdecker verantwortlich sind: Zerstörung oder Aufbau, Waffen eines apokalyptischen Krieges oder die Erzeugung von Elektrizität. Nun scheinen die Biologen an der Reihe zu sein.

Nicht durch Zufall sondern durch Notwendigkeit hat der Mensch die Herrschaft über die Materie errungen, die allerdings noch nicht vollständig ist und manchmal die Zerstörungskräfte des Menschen schrecklich steigert. Vielleicht ist es tatsächlich so, daß die negative, destruktive Seite der Technologie normalerweise weniger kostet als die positive. Es ist billiger, eine Stadt auszuradieren, als sie aus den Ruinen wieder aufzubauen, es ist billiger, Massen mit Propaganda zu vergiften, als sie zu Individuen zu erziehen. Es ist billiger, das Leben der Menschen durch moderne Methoden der Hygiene, die Epidemien verhüten, zu verlängern, als ihnen die nötigen Mittel für ein anständiges Leben zu geben.

Auf solche Vereinfachungen antworten manche Gelehrte, daß sie eben nur die Wahrheit um der Wahrheit willen suchen und daß die Suche nach Wahrheit, wie ARISTOTELES sagt, in sich selbst ihren

Wert habe. Diese Forscher betrachten es als moralisch berechtigt, in ihren Laboratorien oder Amtszimmern ihre eigene Forschung zu betreiben, ohne sich um eine Definition ihres Standpunktes zu bemühen. Andere wiederum empfinden sehr plötzlich ihre Verantwortung; sie wenden sich an die Öffentlichkeit, da nach ihrer Meinung die Politik eine zu ernste Angelegenheit sei, um sie den Politikern zu überlassen. Das Bulletin of Atomic Scientists und die Pugwash Konferenz sind Zeugen für die aktive Teilnahme von politisch bewußten Bürgern, die, erzogen in den strengen Disziplinen der Naturwissenschaften, sich doch auf die öffentliche Bühne der Politik begeben. Ist diese Teilnahme an öffentlichen Dingen steril oder nützlich? Ich möchte darauf nur antworten: In der Auseinandersetzung um die wirksamste Methode der Verhütung von Atomkriegen unterscheiden sich die Argumente der Physiker kaum von jenen der Gesellschaftstheoretiker und der Politiker.

Aber auch berühmte Physiker haben manchmal sehr unterschiedliche Ansichten zu politischen Fragen. Alle wußten 1949, wie eine Wasserstoffbombe im Prinzip funktioniert. Sie wußten nur nicht genau, wie man eine solche Bombe wirklich erfolgreich herstellen könnte. Heute weiß man, wie das möglich ist. Der Präsident der Vereinigten Staaten kennt die technische Funktion der H-Bombe voraussichtlich nicht, aber seine Unkenntnis ist in diesem Falle unwichtig, denn der Präsident der Vereinigten Staaten wird nicht nach den Kriterien gewählt, die für einen Physiker gelten. Andererseits besitzen die Physiker nicht die diplomatische Kunst, mit einer Drohung zu spielen, die sie letzten Endes doch nicht in die Tat umsetzen wollen. Auch ein Theoretiker der Politik kann das nicht, aber im Gegensatz zum Physiker hat er weder eine Kenntnis eines Gegenstandes, die die Bezeichnung wissenschaftlich verdient, noch hat er, und vielleicht sogar weniger, die Möglichkeit, mit diesen Dingen nach gründlicher Ausbildung umzugehen. Kurz gesagt, wenn ein Naturwissenschaftler daran Interesse nimmt, was die Staatsmänner mit den Waffen machen, die er erfunden hat, dann steht er zwischen zwei widersprechenden Gefühlen. Er versucht sich gegen die Machenschaften der Politiker im Schatten der nuklearen Apokalypse aufzulehnen, er ist mißtrauisch gegenüber dem, was sich euphoristisch „Politische Wissenschaften" nennt und kaum eine Ähnlichkeit mit der Teilchen-Physik hat. Oder er resigniert und zieht sich in das karge Dasein eines Forschers im kalten Universum der Wahrheit zurück, das auf jeden Fall seinen Sinn in sich selbst trägt und beschäftigt sich dort mit seinen schönen, willfährigen Apparaten.

Vor etwas mehr als 30 Jahren nahmen es Naturwissenschaftler auf sich, Staatsmänner zu instruieren. Der Brief EINSTEINS an ROOSEVELT ist in aller Erinnerung, er hat seinen symbolischen Wert. Zu jener Zeit gab es große Einmütigkeit unter den Wissenschaftlern gegen den gemeinsamen Feind HITLER. Keiner dieser Männer konnte sich damals ohne Horror vorstellen, wie die Atomwaffen in der Hand eines Mannes benutzt würden, der sich bereits als Demagoge, wenn nicht sogar als monströse Bestie, ausgewiesen hatte. Selbst in den schlimmsten Phasen des kalten Krieges stellte sich diese Einmütigkeit niemals wieder her. Wie immer die individuelle Beurteilung STALINS und der Sowjetunion zur Zeit des Personenkults ausfallen mag: Die Sowjetunion hat im Gegensatz zum Dritten Reich niemals verwerfliche Prinzipien öffentlich zum Dogma erhoben.

Zweifel begannen bereits am Gewissen der Wissenschaftler zu nagen, als sich die USA noch im Verteidigungszustand befanden, und dann vermehrt im kalten Kriege. Der Vietnam-Krieg verwandelte schließlich diese Zweifel bei einer großen Zahl von Wissenschaftlern in den Vereinigten Staaten in eine Revolte, um es milde auszudrücken. Wurde die Armee nicht durch gewisse Methoden der Kriegsführung entehrt? War der Krieg ein legitimer Krieg? Heiligt der Zweck die Mittel? Die Zerbombung von Dresden im Jahre 1945, als die Stadt voller Flüchtlinge war, scheint uns heute, nachdem die Wut des Kampfes und das Rachegeschrei verebbt ist, als eine sinnlose Grausamkeit.

Die Revolte an den Universitäten der USA ging in den meisten Fällen von jungen Menschen aus, die sich gegen die enge Verflechtung der Universität mit dem Verteidigungsministerium wandten, besonders gegen die Verteidigungsforschung und das „On-Campus-Training". Unter letzterem versteht man die Spezialausbildung von Soldaten, insbesondere Reserveoffizieren während ihres Studiums an den Universitäten. Diese Protestbewegung führt zu einem Dilemma. So wie die Dinge in den westlichen und erst recht in den östlichen Staaten nun einmal organisiert sind, können manche Wissenschaftler bestimmte Forschungen nur dann ausführen, wenn sie für die Armee, die Marine oder die Luftwaffe arbeiten. Wenn diese Leute die Politik ihrer Nation verurteilen müssen, dann sind sie als Menschen und Bürger in einer viel schwierigeren Lage als die anderen. Die Weigerung, an solchen Forschungen teilzunehmen, wird ihnen vielleicht moralische Selbstbefriedigung geben, aber nicht mehr. Der Verteidigungsminister würde, wenn die Universitätslaboratorien ihm ihre Türen verschlössen, seine eigenen Laboratorien aufmachen. Wenn die Studenten sich nicht mehr länger als Reserveoffizieren zur Verfügung stellen, wird die Armee nur noch aus Berufssoldaten bestehen, und die amerikanische Republik wird dann in denselben Weg abschlittern wie viele andere Republiken, die durch imperialistische Machenschaften groß und korrupt geworden sind. Ich möchte richtig verstanden werden. Ich will hier kein Urteil fällen, ich möchte nur selbst zu verstehen versuchen. Diese Forscher haben genau so viel oder vielleicht sogar mehr Recht als die anderen Bürger, zu beurteilen und gegebenenfalls zu kritisieren, was der Staat aus ihrer Arbeit für Nutzen zieht. Wenn der Forscher sich in radikaler Opposition zu seinem Regime oder zur Außenpolitik seines Staates befindet, dann hat er das Recht und vielleicht sogar die Pflicht zu demonstrieren, entweder indem er sich von weiterer Mitarbeit zurückzieht oder indem er aktiv protestiert und seine innere Überzeugung zum Ausdruck bringt. Diese verschiedenen Haltungen werden unter bestimmten Umständen nicht ohne Wirkung sein. Aber in einem demokratischen Staat, der von Männern regiert wird, die nach den Gesetzen gewählt sind, wird die Gruppe der Wissenschaftler, wenn sie sich weigert, dem Staate zu dienen, nur in seltenen Fällen mit einer einzigen Stimme sprechen.

Sogar wenn die Mehrzahl der Forscher die Außenpolitik des Staates mißbilligt, werden dennoch manche zögern, dem Staat den Dienst aufzukündigen. Denn sie könnten befürchten, daß ihr eigener Staat, der doch weiter bestehen soll, dadurch entwaffnet und entscheidend geschwächt würde. Und so nehmen sie auch z. B. einen Vietnam-Krieg in Kauf — ich benutze dieses Wort als ein Symbol. Die Wissenschaftler können also nicht als geschlossene Gruppe auftreten. Einige äußern sich, wie das legitimerweise alle Bürger tun können, durch Wort und Tat. Sie können das Dilemma jedoch nicht lösen. Als Bürger haben die Wissenschaftler an dem allgemeinen Schicksal des Staates teil. Ihr Einfluß auf die Entscheidungen im Staate wird nicht nach ihren wissenschaftlichen Kenntnissen gemessen. Es gibt außer ihnen auch noch andere „pressure groups" in den Korridoren der Parlamente.

Deshalb hängt die Wissenschaft als solche ebensosehr vom Staat ab, wie der Staat von der Wissenschaft. Bestimmte Zweige der Forschung, die Großforschung, brauchen Finanzmittel von einer Größenordnung, wie sie nur der Staat direkt vergeben kann.

Nolens volens müssen die Wissenschaften dem Staate dienen, selbst wenn sie sich nicht darin einig sind, was denn politisch zu rechtfertigen ist. Denn sie hängen schließlich von den Geldquellen ab. Wenn die Mittel knapp werden und nicht nach marktwirtschaftlichen Gesichtspunkten verteilt werden — und das kommt hier nicht in Frage — dann liegt alle Macht zur Verteilung der Forschungsmittel beim Staat. Der Staat stellt in letzter Instanz das Forschungsbudget auf, wobei die Wissenschaftler mitberaten, wie das Geld zum allgemeinen Nutzen am besten zwischen den verschiedenen Wissenschaftszweigen verteilt wird. Die Schwierigkeiten eines Vergleichs zwischen dem „absoluten" Wert eines Forschungszweiges und dem Wert für den Staat, die Vielfalt der radikal entgegengesetzten Argumentationen machen das Verhältnis von Wissenschaft und Staat eher zu einem politischen Spiel als zu einem wissenschaftlich objektiven Vorgang. Die Tage des Elfenbeinturms und der Unschuld sind vorbei.

Eine effektive Wissenschaft, eine Wissenschaft, wie sie für eine politisch-militärische Macht unentbehrlich, für den Reichtum der Nationen notwendig ist, wird eben eine Angelegenheit des Staates. Im Zusammenwirken von Wissenschaften und Staat gibt es zwei Arten vorzugehen, die von beiden Seiten leidenschaftlich verfolgt werden, die ihren eigenen Gesetzen gehorchen, ihrer spezifischen Logik. GASTON BACHELARD formulierte das folgendermaßen: „Den Menschen durch Menschen zu besiegen ist für den Politiker der süßeste Erfolg, an welchem sein Wille zur Macht Freude hat. Aber den Menschen durch objektive Tatsachen zu besiegen, das ist ein größerer Erfolg, in dem nicht mehr der Wille zur Macht triumphiert, sondern der blanke Wille zur Vernunft".

Ich glaube, CHAIM WEIZMANN hätte die Formulierung von BACHELARD gebilligt. Als Wissenschaftler und Politiker in einer Person hätte er die notwendige Unterscheidung immer vorgenommen. Er würde vielleicht hinzugefügt haben, daß bei tieferer Analyse die Hoffnung des Menschen nach Vollendung, in der er die Substanz der jüdischen Botschaft sah, es verbiete, diese Gegenüberstellung als endgültig hinzunehmen. Warum sollte man nicht von menschlicher und politischer Freundschaft unter dem gemeinsamen Willen zur Vernunft träumen? Man kann es, aber vielleicht hat das Wort ‚Vernunft' nicht denselben Sinn, je nachdem, ob es bei einer Argumentation zwischen Forschern oder für einen Kompromiß zwischen politischen Opponenten benutzt wird. Die zwei Adjektive bezeichnen diesen Unterschied: rational und vernünftig. Es ist rational, sich vor den Tatsachen zu beugen, aber es ist vernünftig, die Umstände abzuwägen und sich mit dem Unvermeidbaren abzufinden. Nach einem Spruch von HERODOT ist kein Mensch so unvernünftig, den Krieg dem Frieden vorzuziehen, „da in Kriegszeiten die Väter ihre Söhne beerdigen und nicht, wie in Friedenszeiten, die Söhne die Väter". Und doch, wie viele sind nach der Definition von HERODOT ohne Vernunft. Mögen der Wille zur Vernunft und der Wille zur Macht niemals verwechselt werden.

Anhang: Das Weizmann-Institut

Das Weizmann-Institut in Rehovot/Israel sieht zunächst seine Hauptaufgabe darin, Grundlagenforschung zu treiben und dabei neue Generationen von Forschern auszubilden und an die Wissenschaft heranzuführen. Es hat seinen besonderen Charakter dadurch erhalten, daß alle naturwissenschaftlichen Forschungszweige auf einem einzigen großen Campus angesiedelt sind, auf dem zahlreiche international anerkannte Wissenschaftler zusammen arbeiten, zusammen leben und zusammen wohnen. Die Tatsache, daß sie in einer solch eng verwobenen Gemeinschaft beieinander sind, bringt eine besonders große gegenseitige Befruchtung und einen intensiven Austausch von Ideen zwischen den verschiedenen wissenschaftlichen Disziplinen hervor, der für diese Institution typisch ist.

Gleichzeitig übernimmt das Weizmann-Institut auch öffentliche und politische Verantwortung, da die dort arbeitenden Wissenschaftler für Fragen der Forschung, der speziellen Probleme des Landes Israel, des technologischen Fortschritts in besonderer Weise zuständig sind.

Das Weizmann-Institut für Naturwissenschaften wurde im Jahre 1944 anläßlich des 70. Geburtstages von Dr. CHAIM WEIZMANN als Erweiterung des 1934 eröffneten Daniel-Sieff-Instituts geplant. Die feierliche Einweihung fand am 2. November 1949 statt, als Dr. WEIZMANN bereits Staatspräsident von Israel war.

Heute umfaßt das Institut 21 Forschungsabteilungen, die sich in fünf Fakultäten (Biologie, Biophysik/Biochemie, Chemie, Mathematik, Physik) gliedern. Gegenwärtig werden mehr als 400 Forschungsprojekte bearbeitet. Das vor einigen Jahren eröffnete Department für den naturwissenschaftlichen Unterricht beschäftigt sich mit der Entwicklung moderner Curricula, neuer Lehrbücher und Lehrhilfsmittel, die die große Lücke zwischen dem schnellen

Wachstum unserer wissenschaftlichen Erkenntnisse und ihrer Weitergabe an Schüler und Lehrer überbrücken sollen.

Zur Zeit sind am Weizmann-Institut rund 1450 Mitarbeiter in Forschung und Lehre tätig. Es sind die auf Lebenszeit ernannten Professoren, festangestellte Wissenschaftler und Gastwissenschaftler, die längere Zeit hier arbeiten, ferner Ingenieure und diplomierte Techniker, die an Forschungsprojekten mitwirken. In dieser Zahl eingeschlossen sind auch die 600 Studierenden, die an der dem Institut angeschlossenen „Feinberg Graduate School" ihre Doktorbeziehungsweise Diplomarbeit ausführen. Mit einem administrativen und technischen Stab von rund 650 Angestellten und Arbeitern zählt das Weizmann-Institut insgesamt etwa 2100 Menschen.

Das Institut wird von einem Kuratorium (Board of Governors) und einem Exekutivrat geleitet. Ein Dekanatsrat und ein Wissenschaftlicher Senat stehen ihnen beratend zur Seite.

Der Präsident des Instituts ist gleichzeitig Leiter der gesamten Verwaltung und wissenschaftlicher Direktor.

In den USA, Kanada, Großbritannien, Südamerika und Europa bestehen Komitees und Förderkreise, die das Wirken des Instituts unterstützen.

Das Europäische Komitee in Zürich ist die vom Weizmann-Institut autorisierte Vertretung in den Ländern des europäischen Kontinents. Seine Hauptaufgabe ist die Herstellung von Verbindungen zu wissenschaftlich interessierten Kreisen — Forschungsinstituten, Universitäten, Stiftungen, Regierungsstellen, Industrieunternehmen usw. und darüber hinaus zu Privatpersonen, die ein allgemeines Interesse am Institut bekunden.

Biographien

Professor Dr. FRIEDRICH CRAMER, Direktor der Abteilung Chemie des Max-Planck-Institutes für experimentelle Medizin in Göttingen, wurde am 20. 9. 1923 in Breslau geboren und promovierte 1949 in Heidelberg. 1953/54 war er Gastdozent an der Universität Cambridge, 1959 wurde er zum Professor an der TH Darmstadt berufen. 1963 übernahm er die Leitung der Abteilung Chemie des Göttinger Max-Planck-Institutes. Er arbeitet über Enzymmechanismen, die Chemie und Biochemie der Nukleinsäuren und den Mechanismus der genetisch gesteuerten Eiweißsynthese.

Professor Dr. AHARON KATZIR-KATCHALSKY (†) war Leiter des Department of Polymer Research am Weizmann-Institut. Er wurde 1914 in Polen geboren und kam 1925 nach Israel, wo er später an der Hebräischen Universität in Jerusalem studierte. A. KATZIR-KATCHALSKY war Gastprofessor an vielen Universitäten in Europa und in den Vereinigten Staaten. Sein Arbeitsgebiet war die Thermodynamik irreversibler Prozesse und ihre Anwendung auf biologische Membranen. Er wurde, nachdem er in Göttingen an einem Symposium über Membranen teilgenommen hatte, auf dem Flughafen Lod (Tel Aviv, Israel) am 30. Mai 1972 bei einem Überfall von Terroristen getötet.

Professor Dr. LEON VAN HOVE ist Wissenschaftliches Mitglied des Max-Planck-Instituts für Physik in München. Er wurde am 10. Februar 1924 in Brüssel geboren und promovierte 1951 an der Universität Brüssel. Er war von 1949 bis 1954 Mitglied des Instituts für Advanced Studies in Princeton und von 1954 bis 1961 Professor für theoretische Physik an der Universität Utrecht. Danach leitete er das Department für theoretische Physik bei CERN in Genf.

Professor Dr. CHAIM L. PEKERIS war Leiter des Departments für Applied Mathematics am Weizmann-Institut. Er wurde am 15. 6. 1908 in Alytus, Litauen, geboren und kam 1948 nach Israel. C. L. PEKERIS studierte am Massachusetts Institute of Technology, wo er 1934 promovierte. 1946 bis 1968 war er Mitglied des Institute for Advanced Studies in Princeton. Er arbeitet über die Dynamik von Flüssigkeiten, über Geophysik und Atomphysik. 1966 erhielt er den Rothschild-Preis für Mathematik.

Professor Dr. DAVID SAMUEL, Professor für Physikalische Chemie am Weizmann-Institut, wurde in Jerusalem am 8. 7. 1922 geboren. Er studierte in Oxford und promovierte an der Hebräischen Universität in Jerusalem im Jahre 1954. Von 1957 bis 1958 war er postdoctoral fellow an der Harvard Universität und von 1965 bis 1966 Gastdozent an der University of California, Berkeley. Seine Forschungen liegen auf dem Gebiet der Reaktionen in Lösungen und an Oberflächen, auf dem Gebiet der Chemie des Gehirns und des Verhaltens. Außerdem erprobt er neue Lehrmethoden in den Naturwissenschaften.

Professor Dr. JEAN-JACQUES SALOMON, Leiter der Abteilung Wissenschaftspolitik bei OECD, wurde am 17. 11. 1929 in Metz geboren und graduierte in Biologie und Anthropologie an der Sorbonne. Danach lehrte er in Paris Philosophie und war wissenschaftlicher Korrespondent einer Zeitschrift. Von 1968 bis 1969 war er Gastdozent am Massachusetts Institute of Technology. Er hat zahlreiche Arbeiten über internationale wissenschaftliche Zusammenarbeit und Wissenschaftspolitik publiziert und ist Autor des Buches „Science et Politique".

Professor Dr. MICHAEL FELDMAN war Dekan der Feinberg Graduate School und ist Leiter des Departments of Cell Biology am Weizmann-Institut. Er wurde in Tel Aviv am 21. 1. 1926 geboren und studierte später Biologie an der Hebräischen Universität in Jerusalem. Von 1953 bis 1955 war er British Council Scholar am Institut für Tiergenetik der Universität Edinburgh. Er war ferner Gastprofessor an der University of California und an den National Institutes of Health, Bethesda, Maryland, USA, und an der Stanford Universität, Kalifornien. Er forscht auf Gebieten der Immunologie und Entwicklungsbiologie.

Professor Dr. VICTOR F. WEISSKOPF, Professor für Physik am Massachusetts Institute of Technology seit 1946, wurde am 19. 9. 1908 in Wien geboren. Er studierte in Göttingen, wo er 1931 promovierte. Danach war er Assistent an der Universität Berlin. Das Jahr 1936 verbrachte er am Institut für Theoretische Physik in Kopenhagen, 1937 wurde er Professor für Physik an der University of Rochester in den USA. Von 1943 bis 1945 war er Abteilungsleiter beim Manhattan-Projekt. Von 1961 bis 1965 war er Generaldirektor der CERN in Genf. Er ist Ehrendoktor von neun Universitäten und Autor des Buches „Theoretical Nuclear Physiscs" (1952).

Professor Dr. RAYMOND ARON, Membre de l'Institut und des Collège de France, wurde am 14. 3. 1905 in Paris geboren, studierte an der Universität Paris und wurde 1938 Doktor der Literaturwissenschaften. Während des Zweiten Weltkrieges war er Herausgeber von La France Libre in London, anschließend Mitglied der Redaktion von Combat und Le Figaro. Danach war er Gastprofessor in Tübingen, Harvard, Cornell und an der Universität von Paris. Er ist Ehrendoktor von Harvard, Basel, Brüssel, Columbia und der Universität von Southampton.

K. Steinbuch
Automat und Mensch
Auf dem Weg zu einer kybernetischen Anthropologie

4. neubearbeitete Auflage. 131 Abbildungen
VII, 266 Seiten. 1971. (Heidelberger Taschenbücher,
81. Band). DM 19,80; US $8.10
ISBN 3-540-05154-6 Preisänderung vorbehalten

Inhaltsübersicht: Kybernetische Anthropologie. − Signal und Information. − Informationstheorie. − Logische Verknüpfungen und Zuordner. − Signale in Raum und Zeit. − Speicher. − Regelung. − Informationsverarbeitung. − Zeichenerkennung. − Lernende Automaten. − Bedingte Reflexe, die Lernmatrix und andere adaptive Strukturen. − Sprechen und Hören. − Aufnahme und Verarbeitung von Informationen durch den Menschen. − Bewußtsein und Kybernetik. − Automat und Mensch im Weltraum. − Ein hypothetisches cognitives System. − Kybernetik und Organisation. − Presse und Kybernetik. − Literaturverzeichnis. Sachverzeichnis

Aus den Besprechungen: Der Untertitel dieses faszinierenden Buches lautet 'Auf dem Weg zu einer kybernetischen Anthropologie'. Tatsächlich läuft als roter Faden durch diese vorzügliche Einführung in das Wesen und die Möglichkeiten nachrichtenverarbeitender Systeme das Verständnis geistiger Vorgänge auf Grund von bekannten physikalischen Prinzipien. Dabei treten zu den materiellen und energetischen Zusammenhängen eine Reihe von Informationsrelationen. Das Buch verhilft somit zu einem Verständnis der menschlichen und maschinellen Verhaltensweise und stellt viele konventionelle Denkschemata in Frage. Als logischer Schluß ergibt sich, daß der Mensch sich nur in der absoluten Freiheit von mystischen Vorstellungen geistig weiterentwickeln kann. Das auch für den Nichtwissenschaftler verständlich geschriebene Buch ist reich und anschaulich illustriert.

(Neue Zürcher Zeitung)

**Springer Verlag
Berlin Heidelberg New York**

Mathematiker
über die Mathematik

Herausgegeben von M. Otte
Unter Mitwirkung von H.N. Jahnke, Th. Mies,
G. Schubring
28 Abbildungen. Etwa 400 Seiten. 1974
Gebunden DM 24,–; US $9.80
ISBN 3-540-06898-8
Preisänderung vorbehalten

Inhaltsübersicht: Mathematische Abstraktion und Erfahrung. — Methoden und Struktur der Mathematik. — Probleme der Anwendung von Mathematik. — Mathematische Wissenschaft und Unterricht.

Diese Sammlung von Beiträgen hervorragender Mathematiker über die verschiedenen Aspekte ihrer Tätigkeit dokumentiert das Selbstverständnis dieser Wissenschaft. Die verschiedenen Themenkreise — mathematische Abstraktion und Erfahrung, Methoden und Struktur der Mathematik, Probleme der Anwendung von Mathematik, mathematische Wissenschaft und Unterricht — betreffen die Schwerpunkte der gegenwärtigen Diskussion, die sowohl durch eine Ausweitung der Anwendungsmöglichkeiten der Mathematik als auch durch vertiefte Einsicht in ihre Grundlagen bestimmt wird.

Springer-Verlag
Berlin Heidelberg New York

MIX
Papier aus verantwortungsvollen Quellen
Paper from responsible sources
FSC® C105338

If you have any concerns about our products,
you can contact us on
ProductSafety@springernature.com

In case Publisher is established outside the EU,
the EU authorized representative is:
**Springer Nature Customer Service Center GmbH
Europaplatz 3, 69115 Heidelberg, Germany**

Printed by Libri Plureos GmbH
in Hamburg, Germany